大数据及人工智能产教融合系列丛书

微信小程序开发实战

张益珲 编著

U0423699

電子工業出版社
Publishing House of Electronics Industry
北京•BEIJING

内容简介

近几年微信小程序（简称小程序）开发日渐火热，对编程工作者、编程讲师或编程爱好者与学生来说，掌握小程序开发技能都十分重要。本书分 4 个部分全面讲解小程序开发：第 1 部分是基础部分，着重讲解语法与小程序开发基础；第 2 部分是进阶部分，着重讲解小程序开发中的重点和难点；第 3 部分是实战部分，通过两个完整的实战项目帮助读者进行综合学习，锻炼读者的动手能力与运用能力；第 4 部分是扩展部分，主要介绍相关领域的更多开发技术。

本书既可以作为小程序开发的入门级教程，也可以作为动手实战的编程指导书。

未经许可，不得以任何方式复制或抄袭本书之部分或全部内容。

版权所有，侵权必究。

图书在版编目（CIP）数据

微信小程序开发实战 / 张益珲编著. —北京：电子工业出版社，2020.1

（大数据及人工智能产教融合系列丛书）

ISBN 978-7-121-38108-9

Ⅰ. ①微… Ⅱ. ①张… Ⅲ. ①移动终端—应用程序—程序设计 Ⅳ. ①TN929.53

中国版本图书馆 CIP 数据核字（2019）第 274228 号

责任编辑：李　冰　　　　特约编辑：田学清

印　　刷：涿州市般润文化传播有限公司

装　　订：涿州市般润文化传播有限公司

出版发行：电子工业出版社

北京市海淀区万寿路 173 信箱　　　邮编：100036

开　　本：787×1092　1/16　　印张：18.25　　字数：422 千字

版　　次：2020 年 1 月第 1 版

印　　次：2022 年 4 月第 2 次印刷

定　　价：89.00 元

凡所购买电子工业出版社图书有缺损问题，请向购买书店调换。若书店售缺，请与本社发行部联系，联系及邮购电话：（010）88254888，88258888。

质量投诉请发邮件至 zlts@phei.com.cn，盗版侵权举报请发邮件到 dbqq@phei. com.cn。

本书咨询联系方式：libing@phei.com.cn。

编 委 会

（按拼音排序）

总顾问

郭华东　中国科学院院士

谭建荣　中国工程院院士

编委会主任

韩亦舜

编委会副主任

孙　雪　徐　亭　赵　强

编委会成员

薄智泉　卜　辉　陈晶磊　陈　军　陈新刚　杜晓梦

高文宇　郭　炜　黄代恒　黄枝铜　李春光　李雨航

刘川意　刘　猛　单　单　盛国军　田春华　王薇薇

文　杰　吴垌沅　吴　建　杨　扬　曾　光　张鸿翔

张文升　张粤磊　周明星

前　言

为什么要写本书

近年来，微信小程序越来越火热，其依靠微信庞大的闭环生态，一出现就得到了广泛关注。小程序是一种无须下载且运行在微信平台内部的微型程序。2017 年 1 月，小程序正式上线，到目前为止，其已经更新迭代了多个版本，稳定性基本完善，功能也越来越强大。目前，小程序为人们的日常生活提供了诸多便利，在自动售卖机上购买商品、使用共享单车、观看小视频与热门资讯等服务都可以在小程序上完成。

随着 5G 技术的普及，当网速和流量不再成为限制用户体验的主要门槛时，我相信小程序还能发挥更加强大的作用。小程序插件化和云计算的设计模式也将是未来软件开发的趋势。

非常感谢读者在众多编程图书中选择本书作为学习资料，我也希望本书可以为您带来预期的收获。

本书有何特色

本书是一本入门级编程教程。所谓入门级，是指读者不需要有太多的编程经验，需要的只是兴趣和持之以恒的耐心。兴趣是最好的老师，尤其在编程领域，技术年年更新、月月更新，甚至日日都在更新。持续保持兴趣才能有不断学习的动力。同时，编程的过程也充满了乐趣，只要保持足够的耐心去积累和学习，在这个领域中就会有更多新的发现。

本书也是一本实战编程教程。编程知识，很多是理论的，如语法规则、编程规范、内置方法与变量等。但编程的最终目的是将其应用于实际项目，而学习编程最快的方式就是不断运用学习的知识进行实战开发。我编写本书的核心思路也是如此，力求以最快的方式让读者能够开发小程序，因此第 11 章和第 12 章为实战项目。

本书内容及知识体系

本书可以分为 4 个部分。

第 1 部分为基础部分（第 1 章至第 4 章），主要介绍小程序开发的理论基础，包括开发语言的基础知识、开发环境的搭建及简单组件的应用。这一部分比较简单，容易引起读者的学习兴趣，当然，对于有编程基础的读者，也可以选择跳过这一部分内容，直接进行后面章节的学习。

第 2 部分为进阶部分（第 5 章至第 10 章），相对基础部分来说，这一部分内容略微复杂，包括小程序中高级组件的使用、自定义组件技术的使用、动画、云开发，以及关于数据与网络等相关技术。这一部分的内容虽然困难但并不枯燥，这些技术也是在实际开发中必须具备的编程技能。因此，不论是作为小程序工程师做小程序应用的全职开发，还是业余爱好者根据兴趣学习小程序编程，掌握这一部分的技能都非常重要。

第 3 部分为实战部分（第 11 章和第 12 章），第 11 章通过一个阅读类的项目新闻客户端带领读者综合运用前面章节所学习的内容，帮助读者融会贯通，学以致用；第 12 章则与读者一起开发一款完整的社区类读书应用。这两章的练习，不仅可以提高读者的技术能力，还可以让读者体会一个小程序应用从 0 到 1 的整个过程。

第 4 部分为扩展部分（第 13 章），跳出小程序开发，向读者介绍相关领域的更多开发技术。

适合阅读本书的读者

无论是职业开发者、业余爱好者、在校学生抑或是讲师，阅读本书都会有一定的收获。在这个日新月异的时代，每个人都是学生，我在编写本书的过程中查阅了大量资料，并进行了多次修改，但由于时间和能力有限，书中难免存在不足之处，希望广大读者能够提出宝贵的意见和建议（QQ：316045346）。

本书资源

致谢

本书能够到达您的手上，除了要感谢一直支持我的家人与朋友，最应该感谢的人是北京源智天下科技有限公司的王蕾，没有她的敦促指点和耐心细致地对稿件进行修改，我无法顺利地完成本书的编写。

张益珲

目 录

第 1 章

走进小程序的开发世界

微信小程序简称小程序，是基于微信之上的、开放的应用平台。自 2017 年 1 月小程序功能发布起，小程序就一直受到广泛的关注。

与传统应用相比，小程序具有得天独厚的用户优势，微信活跃用户数是巨大的，用户传播性也是极强的。因此，一款有趣的小程序很容易在微信系统中广泛转发与传播。

另外，速度快、体验优质、无须下载，以及可以随时热更新的特性也使小程序成为一个十分方便、易用的线下工具，线下餐饮门店的在线点餐与付款、无人售卖商店的商品结算等场景都十分适用。

本章主要介绍小程序的发展历史，并演示几款小程序的应用场景。除此之外，本章也是学习小程序开发的准备章节，通过本章可以了解开发环境的下载与安装，完成小程序开发账号的申请，同时学会如何发布体验版的小程序，以及如何上架一款已经完成的小程序，最后尝试编写 HelloWorld 小程序，并且能够使用模拟器和真机进行调试。

1.1 认识小程序

使用微信的用户或多或少都使用过小程序。其实，微信小程序又分为游戏小程序和应用小程序。通常将应用小程序称为小程序，而将游戏小程序称为小游戏。

在日常生活中人们经常会使用到小程序和小游戏。欢乐斗地主、腾讯桌球、腾讯四川麻将等小游戏都非常火爆，日常生活中人们使用比较频繁的各个应用程序也几乎都有小程序的版本，如新浪微博、知乎等。

1.1.1 小程序的发展史

2016 年 9 月 21 日，微信小程序正式开启内测，在内测期间，各种目光和评论都集中在微信小程序这个新兴的应用平台上，等待观望其后续的发展。

2017 年 1 月 9 日，第一批小程序正式上线，用户可以在微信上体验各种小程序提供的服务。小程序的热度达到最高，各种褒贬也随之而来。

2017 年 12 月 28 日，微信开放了小游戏功能，并且通过“跳一跳”小游戏再次引爆热点。

2018 年 1 月 18 日，微信提供了小程序侵权的投诉渠道，平台规范性更加完善。

2018 年 1 月 25 日，小程序开放与移动端 App 互相跳转和交互的功能。

2018 年 3 月，小程序广告组件启动内测，开发者应用变现的能力增强。

2018 年 7 月 13 日，小程序支持收藏功能，用户可以将喜欢的小程序直接添加到“我的小程序”中。

2018 年 8 月 10 日，小程序后台数据分析工具进一步升级，运营人员可以在小程序后台看到更多用户数据。

整体来看，小程序正在快速蓬勃发展，虽然在此过程中遇到过很多质疑，但是并没有阻碍小程序前进的脚步。如今，小程序已经替代了许多轻型应用，并且使线下实体店可能以更小的成本拥有自己的线上服务平台。小程序已经在各个领域中为人们的日常生活带来了非常大的便利。同时，小程序的发展趋势也越来越具有开放性，更多的高级开发工具、用户分析工具和 API 接口都会提供给开发者使用，无论是对于用户还是对于开发者，这都是一个更好的时代。

1.1.2 几款优秀的小程序

在微信消息主页面进行下拉即可进入小程序窗口，如图 1-1 所示。

小程序窗口被分为两栏，上面部分是用户最近使用过的小程序，根据使用时间进行排序，下面是用户收藏的小程序。在最近使用一栏中，最后的查看更多按钮可以跳转到一个新的小程序列表页，小程序列表页中会列举所有使用过的小程序及用户收藏的小程序。另外，微信会通过地理位置将附近的小程序推荐给用户，将线上与线下进行无缝接合，如图 1-2 所示。

目前，小程序具有完善的组件库、布局体系和功能接口。常见的界面效果和常用的功能在小程序上实现都非常方便。

热门微博是一款非常优秀的资讯类小程序，其采用信息流的设计方式将热门的微博内容整合推荐给用户，并且提供了登录注册、个人中心、微博详情、查看评论等功能，快速阅读热门微博和分享感兴趣的微博给微信好友都十分方便，图 1-3 所示为热门微博小程序示例。

图 1-1　小程序窗口

图 1-2　小程序列表页

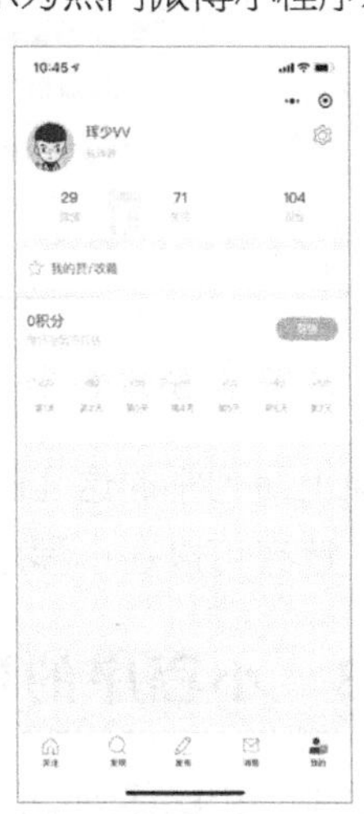

图 1-3　热门微博小程序示例

唯品会小程序是配套唯品会移动端在微信平台的电商购物应用。唯品会小程序具有完整的用户个人中心、购物车、商品分类及商品推荐等功能，在小程序中可以直接完成选货、加购物车、结算、活动参与等操作，是一款功能非常完善的优质小程序，如图 1-4～图 1-7 所示。

腾讯视频小程序是视频娱乐类小程序中非常优秀的一款，用户可以直接在小程序上观看自己喜欢的电影、电视剧、自媒体短视频等，如图 1-8 所示。

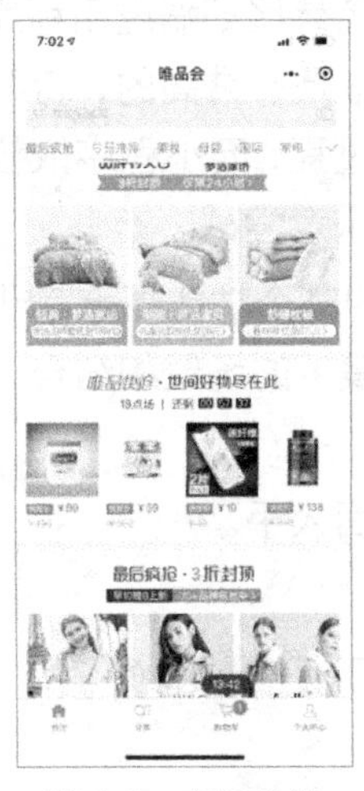

图 1-4　商品推荐

图 1-5　商品分类

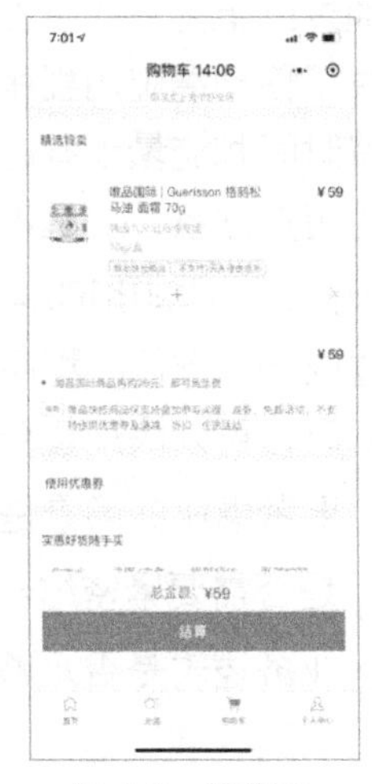

图 1-6　购物车

图 1-7　个人中心

图 1-8　腾讯视频小程序

除上面列举的这几款优质的小程序外，生活中的各个场景几乎都有相关的小程序提供服务，读者可以在小程序搜索栏查找自己感兴趣的小程序进行体验。

1.1.3　小程序的适用场景

首先，相比移动端的应用程序，小程序具有如下 5 个特点。

- 不需要下载安装，第一次使用门槛极低。
- 节省流量，节省安装时间，不占用桌面。
- 体验仅次于原生应用，但比网页应用好很多。
- 小程序平台更统一，操作流程更统一，更容易上手使用。
- 对于开发者来说，可以极大地降低开发成本，并且可以忽略平台差异。

通过以上列举的小程序的特点可以发现，小程序其实并非要代替移动端应用程序，而是解决了移动端应用程序的一些痛点。移动端应用程序的推广成本是非常高的，若要让用户花费时间和流量下载应用程序并且完成注册是一个非常困难的过程，而小程序依赖微信天然的用户体系，加之不需要花费太多时间和流量，用户会非常乐意尝试。

因此，一些即用即走的功能型应用，或者完整移动端应用中的某个功能亮点都非常适合独立成一个微信小程序。基于以上特点，小程序也非常易于与线下的场景相结合，通过线程扫码，可以快速整合线上与线下服务。

如果考虑业务场景是否适合使用小程序，可以从以下 4 个方面入手。

- 是否需要紧密结合线下，如果需要，小程序非常合适。
- 业务逻辑是否足够简单，小程序有体积限制，无法承载过于复杂的业务。

- 业务逻辑是否是即用即走型，小程序不会占用桌面，因此相对于移动端应用，不利于做连续性强的业务。
- 是否可以借助微信用户群，如果业务场景与微信用户体系不抵触，那么使用小程序就非常合适，推广业务也会比较容易。

1.1.4　小程序的设计建议

每个移动端应用程序都有自己的设计风格，由于小程序基于微信的闭环生态，为了提供更好的一致性和更优质的用户体验，腾讯为开发者提供了一套设计指南。查看完整设计指南文档的地址如下：

https://developers.weixin.qq.com/miniprogram/design/index.html

本节主要介绍小程序设计中的几项基本原则，从而帮助读者开发简洁、高效且体验优质的小程序。

1．简洁友好

小程序的特点之一就是高效，因此在设计界面时，应尽量减少冗余信息，将当前界面最核心、最主要的功能展示出来。同时，一个界面中也不要有多个核心功能点，这样会使重点分散，为用户的使用带来困惑。

2．流程明确

小程序更适用于即用即走的功能性应用，因此在设计时，各个流程要环环相扣，明确指引用户一步一步地完成业务场景。切勿在某个业务流程中间穿插其他的业务或需要用户操作的行为，也不要打断用户当前的使用流程。

3．导航和异常处理

在设计小程序时要考虑用户的前进与返回，页面导航结构要清晰，让用户明确知道下一步或上一步的场景。同时，要处理好异常情况，因为程序在使用过程中难免会发生异常，所以要注意捕获与处理，必要时应将异常原因告知用户。

4．配色要与微信切合

由于小程序是微信平台内的平台，在设计时，其配色方案要和微信本身的风格保持一致，过大的色差会使用户产生不适。

5．使用与微信风格一致的工具组件

例如，下拉刷新与上拉加载功能组件，以及耗时任务的等待组件、功能按钮选择框、弹窗、提示框、输入框等组件应尽量与微信保持一致，在字体和文本风格颜色的选择上也应尽量与微信保持一致，这样可以为用户带来舒适的体验。

1.2 开发前的准备

在正式进行小程序的开发之前，我们还需要做一些准备工作，如注册小程序开发账号，以及下载和安装微信开发者工具等。在小程序开发完成后，我们也需要了解如何进行小程序体验版的发布，以及如何将测试完成后的小程序提交上线。本节主要介绍小程序开发前的准备工作。

1.2.1 注册小程序开发账号

在开发小程序之前，需要先在微信公众平台注册小程序开发账号。注册完成后可以在微信开发者工具上使用此账号进行小程序的开发。目前，小程序开放的注册范围有 5 种：个人、企业、政府、媒体和其他组织。我们在学习小程序开发时，直接注册个人的小程序账号即可。首先，进入微信公众平台账号注册页面，地址如下：

https://mp.weixin.qq.com

选择注册小程序类型的账号如图 1-9 所示。

图 1-9 选择注册小程序类型的账号

其次，填写完整注册所需的基本信息，在注册时需要使用一个有效的邮箱作为账号，并且注册完成后需要登录邮箱进行验证。

注册完成后，使用此账号登录微信公众平台，由于我们注册的账号为小程序账号，所以会直接进入小程序的管理后台。

进入小程序管理后台后的第一步是将小程序基本信息补充完整，一个小程序账号对应一个小程序。需要补充完善的小程序信息包括小程序的名称、简称、头像、介绍及服务类目。

小程序后台中的版本管理功能用来帮助开发者管理小程序的版本，里面会将当前已上线的小程序版本（线上版本）、审核中的版本（审核版本）及开发中的版本（开发版本）分别列出，如图 1-10 所示。

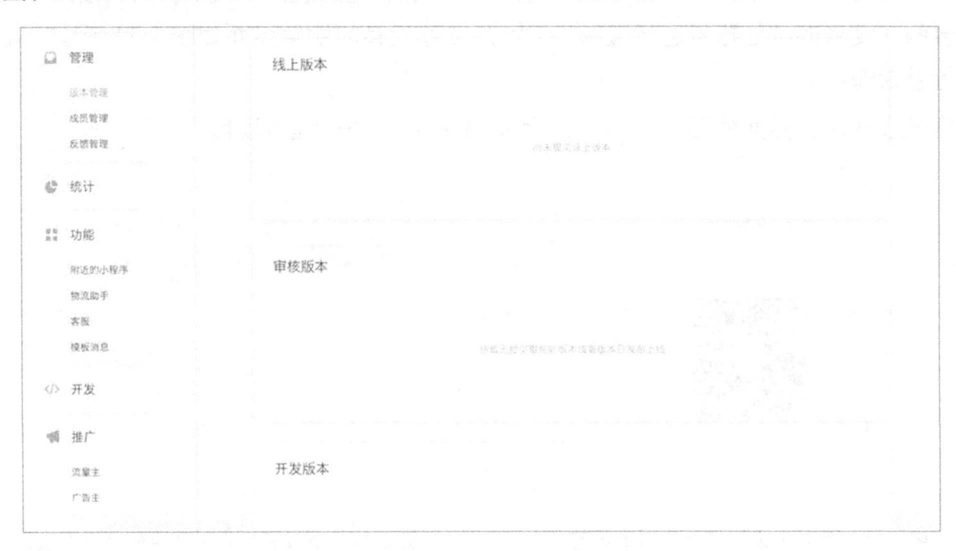

图 1-10　小程序版本管理工具

在后台的成员管理工具中，可以对小程序的项目成员和体验成员进行管理。项目成员可以设置的权限包括运营者权限、开发者权限和数据分析者权限；体验成员可以添加用户，使其支持提前体验为发布上线的小程序。

反馈管理可以帮助开发者更快地追踪到用户在使用过程中遇到的问题，用户可以通过小程序提供的接口直接将意见提交到小程序后台供开发者查阅。

小程序后台的统计功能也非常重要，开发者可以在其中查看实时的小程序数据，也可以做一些来源分析、自定义事件等高级统计任务。

小程序后台汇总还提供了一些其他高级功能，如附近的小程序、物流助手、客服、模板消息等。如果读者有兴趣，可以在文档中查看它们的用途和使用方法。

1.2.2　下载和安装微信开发者工具

准备好小程序账号之后，下一步我们需要下载和安装小程序开发所需要的开发工具。在如下网址可以下载最新的微信开发者工具：

https://developers.weixin.qq.com/miniprogram/dev/devtools/download.html

在下载时需要注意，官方提供了 Windows 64 位、Windows 32 位和 Mac OS 3 个版本的开发者工具，读者可以根据自己所使用的计算机系统进行选择。本书以 Mac OS 为例进行介绍。

微信开发者工具的下载和安装十分简单，也无须额外的配置，在下载完成后，直接双击安装即可。使用微信开发者工具需要使用微信号进行登录，在申请小程序账号时，需要关联一个微信号作为小程序的管理员，可以用此微信号直接登录，也可以使用添加到小程序后台的开发者的微信账号进行登录，微信开发者工具的初始界面如图 1-11 所示，直接扫码进行登录即可。

登录成功后，界面如图 1-12 所示，可以在其中选择小程序项目。

图 1-11　微信开发者工具的初始界面

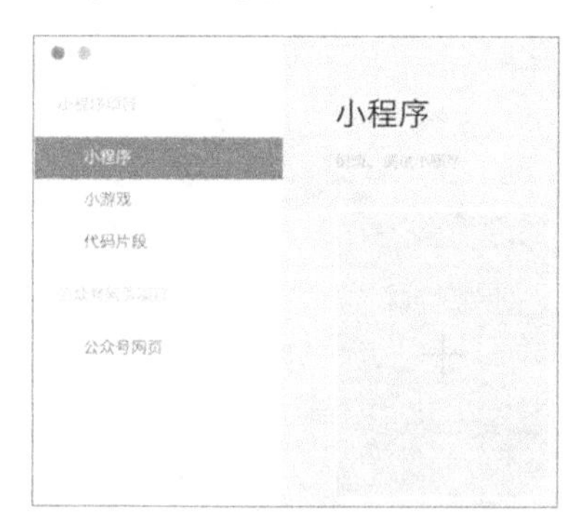

图 1-12　选择开发者工具中的小程序项目

如果是初次使用微信开发者工具，则需要创建一个新的小程序项目，在小程序项目目录页面单击加号按钮，创建一个新的小程序项目。在创建小程序项目时，需要填写小程序的 AppID 并选择建立普通快速启动模板，如图 1-13 所示。

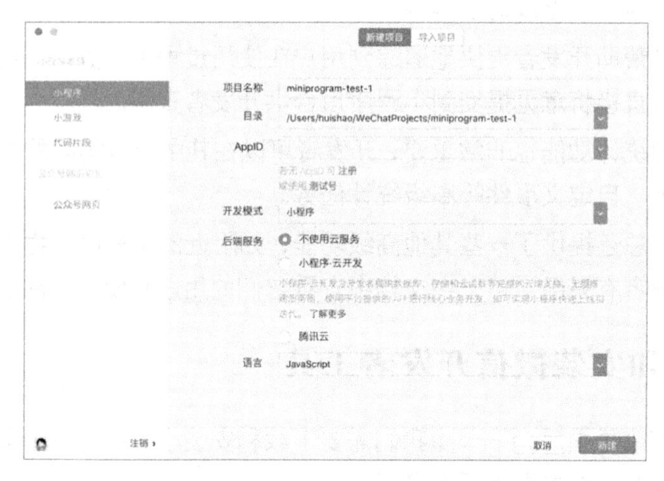

图 1-13　新建小程序项目

小程序的 AppID 可以在小程序开发后台的开发设置中查看，如图 1-14 所示。

在新建完成小程序项目之后，默认的模板会自动创建一个获取用户信息的示例程序，如图 1-15 所示。

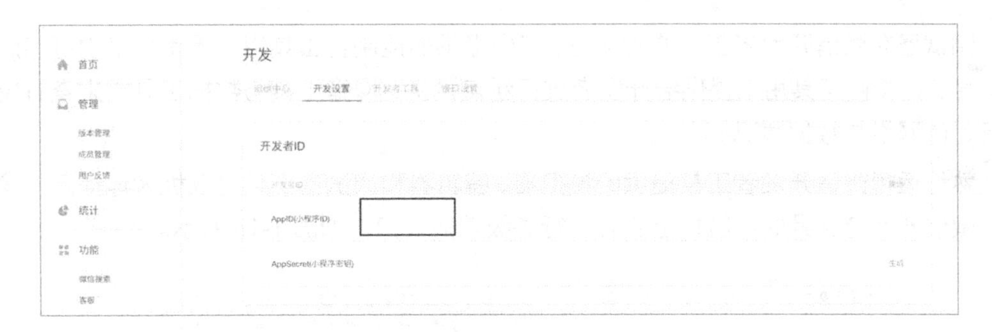

图 1-14　查看小程序的 AppID

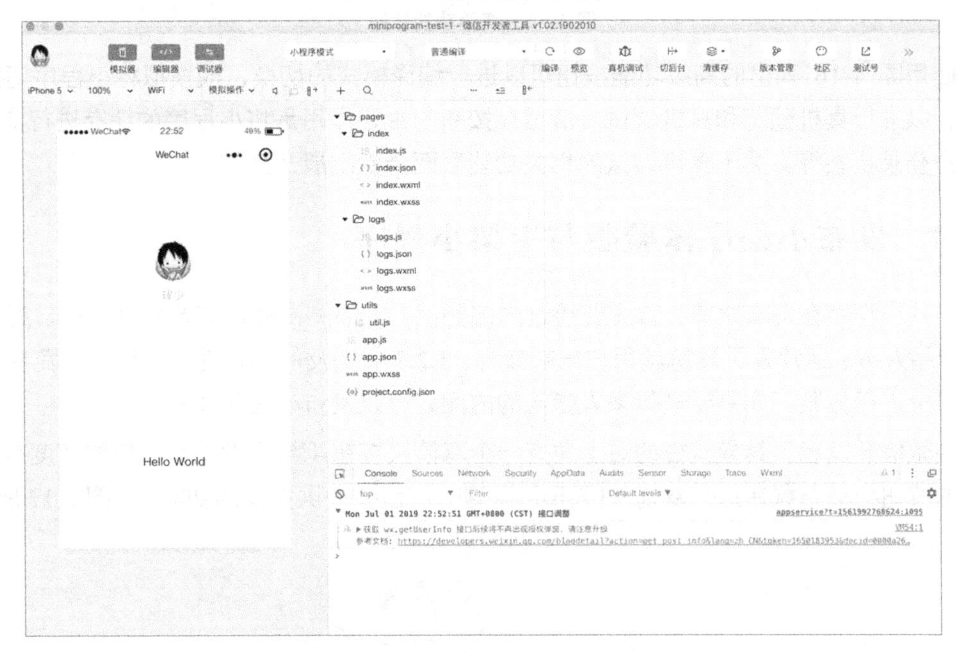

图 1-15　模板创建的示例程序

1.2.3　微信开发者工具的使用简介

微信开发者工具提供了非常强大的模拟器、编辑器及调试器的相关功能（见图 1-15）。微信开发者工具的左上角有 4 个功能按钮：模拟器、编辑器、调试器和云开发。其中，模拟器按钮用于开关模拟器窗口，编辑器按钮用来开关编辑器窗口，调试器按钮用来开关调试器窗口，云开发按钮与开通云函数相关功能有关。

模拟器窗口默认位于微信开发者工具的左侧，开发者可以选择使用各种 iPhone 或 Android 模拟器设备进行代码运行效果的查看。

编辑器的主要作用是索引文件与编写代码。微信开发者工具的右边上部分为编辑器窗口，编辑器左边为文件目录，编辑器右边为代码编写窗口。

调试器在微信开发者工具的右下方，其中提供的控制台工具用来显示程序中打印的调试信息，源文件工具用来提供给开发者进行断点调试，网络工具与数据工具用来查看应用运行时的网络与数据情况。

熟练运用微信开发者工具提供的模拟器、编辑器和调试器工具可以极大地提高开发效率。微信开发者工具的导航栏上还有一行高级功能按钮，如图 1-16 所示。

图 1-16　高级功能按钮

使用图 1-16 列出的高级功能按钮可以进行编译模式的切换，或模拟将小程序切换到后台，以进行真机预览和真机调试。清缓存按钮的主要作用是将小程序的缓存进行清除，如用户登录状态等。关于真机调试的相关功能后面会专门展开介绍。

1.2.4　发布小程序体验版与上架小程序

一款小程序在发布之前，首先要经过内部测试。内部测试通常需要开发人员、测试人员、产品人员、运营人员及粉丝用户一起参与。1.2.3 节提及的预览功能，只能开发者自己在手机上进行体验，如果要进行多人参与的内测，可以发布小程序体验版本。

在微信开发者工具导航栏的右上角有一个双箭头按钮（与开发工具窗口的宽度有关，额外的按钮会被隐藏在这个双箭头按钮中），这个按钮会提供更多的功能，如图 1-17 所示。

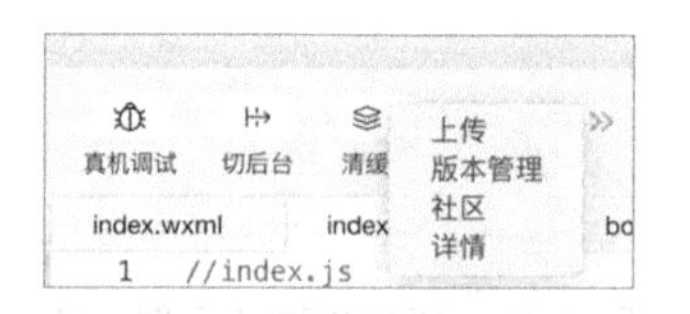

图 1-17　更多功能按钮

更多功能菜单中提供了上传功能，单击“上传”，开发者工具会将当前的程序打包上传到小程序后台，在提交之前，需要选择一个版本号，如图 1-18 所示。

图 1-18　设置版本号

在小程序后台的版本管理工具中可以查看开发者提交的小程序版本，可以将其设置为体验版本，如图 1-19 所示。

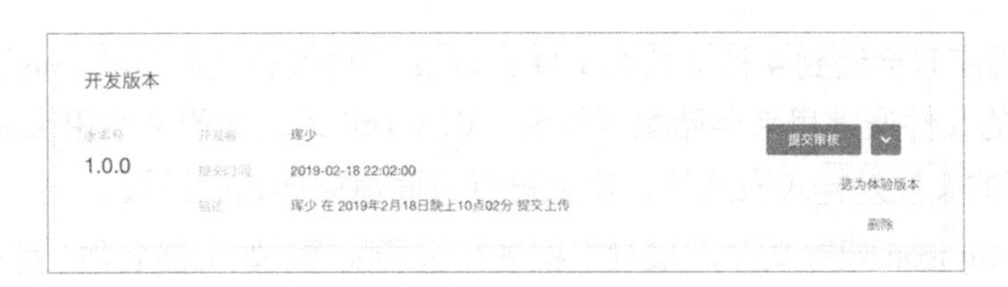

图 1-19　设置小程序体验版本

在成功设置体验版本后，小程序后台会自动生成一个体验二维码。此小程序的体验成员可以通过微信扫描二维码对体验版小程序进行体验。

上架小程序需要先将完整的小程序代码打包上传，之后在小程序后台将此版本提交审核，然后微信小程序的审核团队会针对小程序的功能、可用性、是否合规进行审核，如果审核通过，开发者可以发布上线。

1.3　编写 HelloWorld 程序

几乎学习任何一门编程技术，都是从 HelloWorld 程序开始的。HelloWorld 程序虽小，但是“五脏俱全”，本节基于一个最简单的入门程序，展开介绍小程序开发的基础框架。

1.3.1　分析小程序示例工程

1.2.2 节创建了一个小程序示例项目，其目录结构如图 1-20 所示。

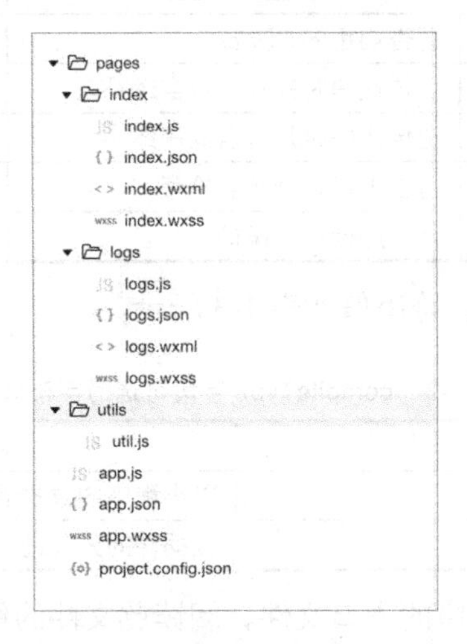

图 1-20　小程序示例项目的目录结构

可以看到，小程序项目的根目录下有两个文件夹，分别命名为 pages 和 utils，根目录下还有 4 个全局文件，其中，3 个是应用程序的配置文件，1 个是工程配置文件。

在开发小程序时会遇到 4 种类型的文件：以.js 为后缀的文件是核心的逻辑代码文件；以.json 为后缀的文件通常用来存储配置信息；以.wxml 为后缀的文件用来编写页面结构；以.wxss 为后缀的文件是样式表文件，用来进行页面渲染样式的设置。

project.config.json 配置文件用来对工程进行全局配置，如工程名称、目录路径、AppID 等。project.config.json 配置文件可进行配置的常用字段如表 1-1 所示。

表 1-1 project.config.json 配置文件可进行配置的常用字段

字 段 名	意 义	值 类 型
miniprogramRoot	指定小程序的源码目录	字符串
qcloudRoot	指定腾讯云项目的目录	字符串
pluginRoot	指定插件项目的目录	字符串
compileType	指定编译类型	字符串
setting	进行项目设置	JSON 对象
libVersion	设置基础库的版本	字符串
appid	项目的 AppID	字符串
projectname	项目的工程名	字符串
packOptions	打包配置的相关选项	JSON 对象
debugOptions	调试相关选项	JSON 对象
scripts	预编译相关配置	JSON 对象

setting 选项可以配置的字段如表 1-2 所示。

表 1-2 setting 选项可以配置的字段

字 段 名	意 义	值 类 型
es6	是否启用 es6 转 es5	布尔值
postcss	上传代码时样式是否自动补全	布尔值
minified	上传代码时是否自动压缩	布尔值
urlCheck	是否进行安全域名检查	布尔值
uglifyFileName	是否进行代码保护	布尔值

compileType 字段可选的字符串值如表 1-3 所示。

表 1-3 compileType 字段可选的字符串值

值	意 义
miniprogram	以小程序的方式进行编译
plugin	以插件的方式进行编译

app.js 文件是当前应用程序的入口文件，阅读此文件的代码可以发现，其中只调用了一个 App()函数。App()函数的作用是注册小程序，并且会接收一个 Object 作为参数，其中会定义小程序的生命周期回调。需要注意的是，App()函数必须在 app.js 文件中进行调用，并且只能调用一次。

App()函数中传入的 Object 参数可以指定的回调函数如表 1-4 所示。

表 1-4　App()函数中传入的 Object 参数可以指定的回调函数

函 数 名	意　义
onLaunch	小程序初始化完成时会调用，只会触发一次
onShow	小程序启动，或从后台进入前台时会调用
onHide	小程序从前台进入后台时会调用
onError	小程序发生错误时会调用
onPageNotFound	小程序要打开的页面不存在时会调用

app.json 文件用来对小程序进行全局配置，其决定页面文件的路径、窗口表现等，可配置项如表 1-5 所示。

表 1-5　app.json 文件用来对小程序进行全局配置的可配置项

可 配 置 项	意　义	值 类 型
pages	设置页面的路径列表	字符串数组
window	设置窗口表现	Object 对象
tabBar	设置底部标签栏的表现	Object 对象
networkTimeout	设置网络超时时间	Object 对象
debug	设置是否开启 debug 模式	布尔对象
functionalPages	设置是否启用插件页	布尔对象
subpackages	分包结构配置	对象数组
requiredBackgroundModes	配置需要在后台使用的功能	字符串数组
plugins	配置插件	Object 对象
preloadRule	配置分包预下载规则	Object 对象
resizable	设置是否支持屏幕旋转	布尔对象
navigateToMiniProgramAppIdList	配置需要跳转的小程序列表	字符串数组
usingComponents	配置全局自定义组件	Object 对象
permission	进行接口权限配置	Object 对象

窗口配置字段 window 对象的可配置属性如表 1-6 所示。

表 1-6　窗口配置字段 window 对象的可配置属性

属 性 名	意　义	值 类 型
navigationBarBackgroundColor	设置导航栏背景颜色	十六进制颜色值
navigationBarTextStyle	设置导航栏的标题风格	可配置 black 或 white
navigationBarTitleText	配置导航栏标题文字	字符串
navigationStyle	配置导航栏风格	default 为默认样式，custom 为自定义样式
backgroundColor	设置窗口背景颜色	十六进制颜色值
backgroundTextStyle	设置下拉刷新的样式	支持 dart 与 light

续表

属性名	意义	值类型
enablePullDownRefresh	配置是否允许下拉刷新	布尔值
onReachBottomDistance	配置距离底部多少时触发上拉加载方法	Number 值
pageOrientation	设置屏幕旋转	可选 auto、portrait 与 landscape

tabBar 字段的可配置属性如表 1-7 所示。

表 1-7　tabBar 字段的可配置属性

属性名	意义	值类型
color	设置标签栏的文字颜色	十六进制颜色值
selectedColor	设置标签栏标签选中时的文字颜色	十六进制颜色值
backgroundColor	设置标签栏背景色	十六进制颜色值
borderStyle	设置标签栏上的边框风格	可选 black 或 white
list	设置标签栏上的标签	对象数组
position	设置标签栏的位置	可选 bottom 或 top
custom	是否自定义标签栏	布尔值

关于标签栏的 list 属性，其中可以定义一组标签，标签数量需要大于 1 个且小于 6 个。每个标签可配置的属性如表 1-8 所示。

表 1-8　每个标签可配置的属性

属性名	意义	值类型
pagePath	页面路径，配置的页面需要在 pages 中进行定义	字符串
text	标签文字	字符串
iconPath	设置图标路径	字符串
selectedIconPath	设置选中时的图标路径	字符串

networkTimeout 字段用来配置网络超时时间，其中可以配置的属性如表 1-9 所示。

表 1-9　networkTimeout 字段配置网络超时时间可以配置的属性

属性名	意义
request	设置 request 请求超时时间
connectSocket	设置连接 socket 超时时间
uploadFile	设置上传文件超时时间
downloadFile	设置下载文件超时时间

注意：

所有超时时间的配置单位都为 ms。

app.wxss 用来定义一些全局的样式表，样式表的定义与 CSS 语法基本一致，后面会详细介绍。

除上面比较重要的几个文件外，模板工程中还生成了一个命名为 pages 的文件夹，该文件夹中又包含 index 和 logs 两个文件夹。pages 文件夹用来存放页面文件，其中每个文件夹都是一个页面，如 index 文件夹存放的是示例程序的主页面相关代码，在微信小程序中，每个页面都由 JS、JSON、WXML 和 WXSS 这 4 种类型的文件共同定义。关于页面的相关内容，后面章节会具体介绍。

1.3.2　修改示例程序

下面将模板生成的示例程序修改为 HelloWorld 程序，先修改 index.wxml 文件，具体如下：

```
<view class="container">
  <text style='color:{{textColor}}'>HelloWorld</text>
  <button bindtap='changeColor'>变化颜色</button>
</view>
```

WXML 文件主要编写页面的骨架，上述代码在页面中定义了一个文本组件和一个按钮组件，并绑定了一个单击按钮的回调方法，修改 index.js 文件，具体如下：

```
Page({
  data: {
    textColor:'#ff0000',
  },
  //事件处理函数
  changeColor:function(){
    this.setData({
      textColor:this.randomColor(),
    });
  },
  randomColor: function() {
    var rand = Math.floor(Math.random() * 0xFFFFFF).toString(16);
    if (rand.length == 6) {
      return '#'+rand;
    } else {
      return getRandomColor();
    }
  },
  onLoad: function () {
  },
})
```

如上述代码所示，date 中定义了文本的颜色，默认为红色，当用户单击按钮时，会随机切换文本的颜色，小程序页面是由数据进行驱动的，当有数据改变时，开发者只需要调用 setData 方法重新设置数据即可实现页面的刷新。在 index.wxss 文件中添加样式表属性，具体如下：

```
text {
  margin-bottom: 60rpx;
}
```

上述样式表代码的意义是将文本与按钮之间隔开 60rpx 的距离。刷新小程序，即可在模拟器上看到 HelloWorld 程序的运行效果，单击按钮后，HelloWorld 的文字颜色也会随机发生改变，如图 1-21 所示。

图 1-21　HelloWorld 程序

1.3.3　进行真机调试

通过 1.3.2 节代码的编写可以发现，当有代码更改时，只要代码文件被保存，模拟器也会实时地进行页面刷新。这是小程序开发中非常方便的一点，它可以让开发者所见即所得地进行程序开发，实时看到代码运行的效果，极大地提高了开发效率，节约了调试时间。如果在真机上进行小程序的预览也非常方便，单击微信开发者工具中的“预览”按钮，即可生成一个小程序二维码（见图 1-22），使用手机微信扫描这个二维码即可打开小程序进行真机预览，需要注意的是，此二维码的有效时间很短。

图 1-22　可预览的小程序二维码

预览小程序只能看到小程序的运行效果，并不能使用微信开发者工具中的调试器进行断点调试、页面布局查看、网络查看等功能。若要在真机上使用调试功能，需要使用开发者工具的真机调试功能，单击“真机调试”按钮后也会生成一个二维码，扫描这个二维码后，微信开发者工具会打开一个“真机调试”窗口，开发者在手机上的所有操作都会反馈到这个调试窗口中，如图 1-23 所示。

图 1-23　真机调试窗口

第 2 章

小程序开发中的“三驾马车”

学习第 1 章可以初步了解小程序开发框架。一个面向用户的应用程序实际上就是将一个个界面展现在用户面前，并且处理用户的交互。

在小程序中，一个页面通常由 4 类文件组成：JS 文件用来处理用户逻辑，JSON 文件用来进行页面配置，WXML 文件用来编写页面结构，WXSS 文件用来进行页面布局和样式设置。JS 文件、WXML 文件和 WXSS 文件可以说是小程序开发中齐头并进的“三驾马车”，它们共同协作才能开发出完整、优质的小程序应用。本章着重介绍这“三驾马车”的应用。

2.1　代码逻辑的灵魂——ECMAScript6 基础

ECMAScript6 简称 ES6，严格来说，其并不是编程语言，而是一种规范。ECMAScript6 定义了一套脚本编程语言的语法规则，JavaScript 就是 ECMAScript 的一种实现。ECMAScript6 是 ECMAScript 的第 6 代版本，其相比较之前的版本有了非常大的设计升级，支持更加强大且现代的语法特性。

ECMAScript 是由 ECMA 通过的一种标准化的脚本程序设计语言规范。JavaScript 和 JScript 都是 ECMAScript 的一种实现与扩展。ECMAScript6 是 ECMAScript 的一次重要更新，新增了许多强大的特性，如模块和类、字典和集合数据类型、Promises 和 Generators 相关特性等。在小程序中，支持使用 ECMAScript6 的语法规范进行 JavaScript 代码的编写。

2.1.1　测试 JavaScript 代码

JavaScript 用来编写小程序中的核心逻辑。要学习 JavaScript 编程语言的基本语法，首先需要构建运行 JavaScript 的工作环境。互联网上提供了许多基于 NodeJS 平台的在线编辑和运行 JavaScript 代码的工具，具体如下：

https://tool.lu/coderunner/

上述网站提供了许多编程语言的在线编辑，并且可以将执行效果实时展示出来。本节学习的 JavaScript 语言大多可以在上面进行演示，读者也可以跟随本书一起测试自己编写代码的运行效果。

上述网站支持许多编程语言在线运行，如 PHP、C、C++、Python、NodeJS 等，在使用之前，需要将编程语言的类型修改为 NodeJS，页面左侧部分为在线编码区域，页面右侧部分为运行结果区域，如图 2-1 所示。

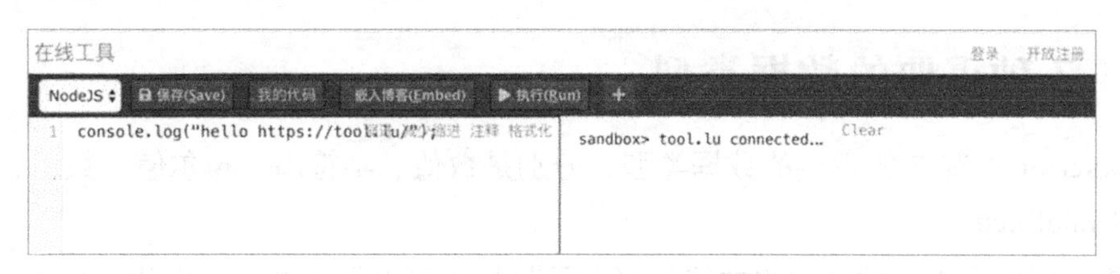

图 2-1　在线运行 JavaScript 代码

上面示例代码中的 console.log()的作用是在控制台输出信息，上面代码就是 JavaScript 版本的 HelloWorld 程序。

2.1.2 使用变量

变量可以理解为存储信息的容器。在数学中，变量是指可能变化的量值。在编程中也是如此，JavaScript 中使用 var 或 let 声明变量。例如，如下代码声明了一个命名为 name 和一个命名为 age 的变量，并将其分别赋值为“珲少”与“27”。

```
var name = "珲少";
let age = 27;
console.log(name,age);
```

运行上述代码，从控制台可以看出，可以直接使用变量名取到变量所赋予的值。let 关键字是 ECMAScript6 中的新特性，其和 var 的区别在于：let 会受作用域的影响，不会产生全局的变量污染。在命名变量时，需要注意简洁和高效，简洁是指变量名尽量短，高效是指在命名时要能够见名知意。

JavaScript 中的数据有类型之分，但变量并没有固定的类型，这和许多编程语言不同。示例代码如下：

```
let age = 27;
age = "26";
```

上述代码声明了一个命名为 age 的变量，在声明时将其赋值为 27，后面又将其值修改为字符串"26"，这在 JavaScript 中是被允许的。

我们也可以在一条语句中一次声明多个变量，使用逗号进行分割即可，具体如下：

```
var a,b,c,d=3;
```

在声明变量的同时进行赋值，这种操作通常被称为定义变量。只声明而不赋值的变量默认值为 undefined：

```
var a,b,c,d=3;
console.log(a);//undefined
```

undefined 是 JavaScript 中非常特殊的一种数据，其表示未定义。

2.1.3 7 种重要的数据类型

JavaScript 中有 7 种重要的数据类型，分别是数值、字符串、布尔值、数组、对象、Null 和 Undefined。

数值类型用来描述数学中的数值，可以是整数也可以是小数。示例代码如下：

```
var a = 1;
var b = 3.14;
var c = 1.11e2;
console.log(a,b,c);//1 3.14 111
```

上述代码中的 1.11e2 是 JavaScript 使用科学计数法描述数值的方式，其表示 1.11 乘以 10 的 2 次方。

字符串类型用来描述文本数据，在 JavaScript 中，通常使用一对双引号或一对单引号创建字符串。示例代码如下：

```
var a = "Hello";
var b = 'World';
console.log(a,b);//Hello World
```

字符串中也可以再次嵌套字符串，但需要注意的是，如果外层字符串是使用双引号创建的，则内层字符串需要使用单引号，如果外层字符串是使用单引号创建的，则内层字符串需要使用双引号。示例代码如下：

```
var a = "Hello 'World'";
var b = '"Hello" World';
console.log(a,b);//Hello 'World' "Hello" World
```

布尔值类型用来描述逻辑值，逻辑值只有两种：true 和 false。逻辑值常用在条件语句中，其中，true 表示条件成立，false 表示条件不成立。示例代码如下：

```
var a = true;
var b = false;
console.log(a,b);
```

数组用来存放一组数据，在 JavaScript 中，数组中的元素数据类型可以相同也可以不同。示例代码如下：

```
var a = [1,2,3,4];
var b = ["one",2];
console.log(a,b);
```

可以通过下标的方式获取数据中某个位置的元素，具体如下：

```
console.log(a[2]);
```

> **注意：**
>
> **数组中元素的下标是从 0 开始的，因此上面的代码获取的是数组中第 3 个元素。**

除使用中括号的方式创建数组外，还可以使用 Array 构造方法创建数组，具体如下：

```
var a = new Array(1,2,3,4);
```

对象是应用开发中最常用到的数据类型，JavaScript 中的对象通过键值对定义，具体如下：

```
var teacher = {
   name:'珲少',
   age:27
}
console.log(teacher);
```

对象内部除了可以定义用来存储数据的属性，还可以定义可执行的函数方法，关于对象的更多内容，后面会进行介绍。

除前面介绍的 5 种数据类型外，JavaScript 中还有两种非常特殊的数据类型，分别为

Null和Undefined。Null类型的值只有一个：null。Undefined类型的值也只有一个：undefined。null用来表示对象为空，undefined用来表示变量未定义。

2.1.4 强大的运算符

在小学学习数学时我们就已经接触到了许多运算符，如加号、减号、乘号、除号等。JavaScript中也提供了很多常用运算符，如表2-1所示。

表2-1 常用的算数运算符

运算符	意义	示例	结果
+	加法运算符	5+5	10
–	减法运算符	10–5	5
*	乘法运算符	5*2	10
/	除法运算符	10/2	5
%	取余运算符	10%3	1
++	自加运算符	++1 或 1++	2
––	自减运算符	––1 或 1––	0

在表2-1列举的常用的算数运算符中，除了自加与自减运算符，其他运算符都非常容易理解，自加或自减运算符是在当前变量的基础上进行自加1或自减1操作。需要注意的是，自加/自减运算符分前置和后置，如果作为前置运算符，则先进行自加/自减操作，再将结果返回，否则先将结果返回，再进行自加/自减操作，示例代码如下：

```
var a = 1;
var b = 1;
var c = a++;
var d = ++b;
console.log(a,b,c,d);//2 2 1 2
```

对于字符串类型的数据来说，加法运算符也可以将两个字符串进行拼接操作，示例代码如下：

```
var e = "Hello"+"World";
console.log(e);//HelloWorld
```

在前面所学习的示例代码中，我们一直使用赋值运算符“=”进行变量的赋值，当赋值运算符与算数运算符组合使用时，就变成复合赋值运算符，如表2-2所示。

表2-2 复合赋值运算符

运算符	意义
+=	a+=b 等同于 a=a+b
–=	a–=b 等同于 a=a–b
*=	a*=b 等同于 a=a*b
/=	a/=b 等同于 a=a/b
%=	a%=b 等同于 a=a%b

逻辑运算符是除算数和赋值运算外另一类常用的运算符，用来对布尔值进行运算，在循环条件判定、分支条件判定的语句中通常都会使用逻辑运算。JavaScript 支持的逻辑运算符如表 2-3 所示。

表 2-3　JavaScript 支持的逻辑运算符

<table>
<tr><th>运　算　符</th><th>意　　义</th><th>示　　例</th><th>结　　果</th></tr>
<tr><td>!</td><td>逻辑非运算符</td><td>!true</td><td>false</td></tr>
<tr><td>&&</td><td>逻辑与运算符</td><td>true&&false</td><td>false</td></tr>
<tr><td>||</td><td>逻辑或运算符</td><td>true||false</td><td>true</td></tr>
</table>

与逻辑运算符一样，关系运算符运算的结果也为布尔值，通常用来比较两个运算数之间的关系。关系运算符如表 2-4 所示。

表 2-4　关系运算符

运　算　符	意　　义	示　　例	结　　果
>	大于运算符	5>6	false
<	小于运算符	5<6	true
==	等于运算符	5==6	false
===	全等运算符	"5"===5	false
>=	不小于运算符	5>=6	false
<=	不大于运算符	5<=6	true
!=	不等于运算符	5!=6	true

JavaScript 中也提供了对位运算符的支持，在计算机中，数据实际上都是使用二进制方式进行存储的。对于二进制来说，每一数位上的数字非 0 即 1，位运算是对二进制位进行的运算。

使用“~”进行按位取反运算：如果进行运算的二进制位为 0，则运算结果为 1；如果为 1，则运算结果为 0。

使用“&”进行按位与运算：如果进行运算的两个二进制位都为 1，则运算结果为 1；如果其中有一个二进制位为 0，则运算结果为 0。

使用“|”进行按位或运算：如果进行运算的两个二进制位有一个为 1，则运算结果为 1；如果两个二进制位都为 0，则运算结果为 0。

使用“^”进行按位异或运算：如果进行运算的两个二进制位不同，则运算结果为 1；反之，运算结果为 0。

除上面介绍的几种按位逻辑运算外，使用“<<”可以进行按位左移运算，使用“>>”可以进行按位右移运算，使用“>>>”进行无符号的按位右移运算。

到此，本节所列举的运算符既有一元运算符也有二元运算符。一元运算符是指只有一个操作数的运算符，如自加/自减运算符；二元运算符是指有两个操作数的运算符。JavaScript 中还提供了一个三元运算符：条件运算符。条件运算符的作用是根据要判定的条件是否成立返回不同的结果，具体如下：

```
var g = 1>2 ? "1>2" : "1<=2";
console.log(g);//1<=2
```

使用“?:”进行条件运算，当运算结果为 true 时，则返回冒号前表达式的值，否则返回冒号后表达式的值，条件运算符其实是简化的 if-else 语句。

2.1.5 条件语句

程序之所以智能，是因为其中包含了各种各样的逻辑。程序在运行过程中往往需要与用户进行交互，即根据用户的输入执行不同的逻辑。在 JavaScript 中，使用条件语句可以实现分支结构。

分支结构的作用是根据判定条件是否成立支持不同的逻辑代码，示例代码如下：

```
if (1>2) {
    console.log("1>2");
}
console.log("程序结束");
```

运行上面的代码会发现控制台只输出了“程序结束”，并没有输出“1>2”，if 关键字后面的小括号中会跟随一个要进行判定的条件，判定条件往往为布尔值，或运算结果为布尔值的表达式，如果判定条件成立（布尔值 true），则会执行其后大括号代码块中的代码，否则会跳过大括号代码块中的代码。

if 通常会和 else 关键字结合使用，示例代码如下：

```
if (1>2) {
    console.log("1>2");
}else{
    console.log("1<2");
}
console.log("程序结束");
```

运行程序，观察输出可以发现程序执行了 else 后面的大括号中的代码。if-else 结构首先会判定 if 后面的条件是否成立：如果成立，则执行 if 后面代码块的代码；如果不成立，则执行 else 后面代码块的代码。

JavaScript 也支持依次进行多个条件判定的分支结构，示例代码如下：

```
if (1>2) {
    console.log("1>2");
}else if(1<2){
    console.log("1<2");
}else{
    console.log("1==2");
}
console.log("程序结束");
```

2.1.6　多分支结构

多分支结构是指具有多个判定条件，根据条件的不同会有多个逻辑分支的结构，使用 if-else 结构可以实现多分支结构，示例代码如下：

```
var res = "优秀";
if (res == "优秀") {
   console.log("分数大于或等于 85 分");
} else if (res == "良好") {
   console.log("分数大于或等于 70 分且小于 85 分");
} else if (res == "及格") {
   console.log("分数大于或等于 60 分且小于 70 分");
}else if (res == "不及格"){
   console.log("分数小于 60 分");
}
```

上面的代码虽然可以实现多分支结构，但是看上去十分冗长，不够精简。在 JavaScript 中还提供了 switch-case 结构，用来实现多分支逻辑。使用 switch-case 重写上面的逻辑，示例代码如下：

```
var res = "优秀";
switch (res) {
   case "优秀":
   {
      console.log("分数大于或等于 85 分");
   }
   break;
   case "良好":
   {
      console.log("分数大于或等于 70 分且小于 85 分");
   }
   break;
   case "及格":
   {
      console.log("分数大于或等于 60 分且小于 70 分");
   }
   break;
   case "不及格":
   {
      console.log("分数小于 60 分");
   }
   break;
}
```

如上述代码所示，switch 结构中的每个 case 用来匹配 res 的值，如果匹配成功，则执行对应代码块中的代码。需要注意的是，在实际应用中，每个 case 块结束后，后面都要使用 break 语句进行跳出，否则，如果一个 case 匹配成功，后面的 case 代码块会被依次执行，直到遇到 break 语句产生中断。

switch-case 结构的最后还可以添加一个 default 代码块，当所有的 case 都匹配失败后，会执行 default 代码块中的代码，示例代码如下：

```
var res = "优秀1";
switch (res) {
    case "优秀":
    {
        console.log("分数大于或等于85分");
    }
    break;
    case "良好":
    {
        console.log("分数大于或等于70分且小于85分");
    }
    break;
    case "及格":
    {
        console.log("分数大于或等于60分且小于70分");
    }
    break;
    case "不及格":
    {
        console.log("分数小于60分");
    }
    break;
    default:
    {
        console.log("错误的成绩");
    }
    break;
}
```

2.1.7 循环结构

分支结构的作用是让程序更加灵活，可以根据输入做出不同的逻辑，循环结构则让程序大量重复执行某段代码。计算机非常善于执行大量重复的计算，并且速度非常快。JavaScript 中常用的循环结构有 3 种，分别为 while 循环、do-while 循环和 for 循环。

while 循环是最简单的循环结构，其首先会进行循环条件的判定，如果条件成立，则继续执行循环体中的代码，执行完后会再次进行循环条件的判定，循环执行循环体中的代码，直到循环条件不成立为止，示例代码如下：

```
var count = 0;
var res = 0;
while(count<=100) {
    res+=count;
    count++;
}
console.log(res);
```

上述示例代码的功能是计算从0依次累加到100的结果。需要注意的是，由于循环体的循环次数是由循环条件决定的，在循环体内，常常需要根据情况对循环条件进行修改，循环条件始终成立会造成死循环，即程序永远无法跳出循环体执行后面的代码。

do-while循环是while循环的一种变体，其和while循环的区别如下：while循环会先进行循环条件的判定再执行一遍循环体中的代码；do-while循环则先执行一遍循环体中的代码，再进行循环条件的判定，示例代码如下：

```
var count = 0;
var res = 0;
do{
   res+=count;
   count++;
}while(count<=100);
```

分析while循环和do-while循环的特点可以发现：while循环如果循环条件不成立，则循环体中的代码一次也不会执行；do-while循环不论循环条件是否成立，至少都会执行一遍循环体中的代码。

for循环是一种更加简洁的循环结构，示例代码如下：

```
var res = 0;
for (var count=0 ; count <= 100; count++) {
   res+=count;
}
console.log(res);
```

for关键字后面的小括号中包含3个表达式，这3个表达式定义了核心的循环逻辑：第1个表达式用来进行循环变量的初始化，这个变量的作用是控制循环的执行次数；第2个表达式是循环的判定条件，如果第2个表达式成立，则会执行循环体中的代码，否则会跳出循环；第3个表达式用来进行循环变量的修改。

其实，除上面提到的3种循环结构外，针对对象数据，JavaScript中还提供了一种for-in遍历结构，其作用是将对象中的所有属性和方法遍历出来，示例代码如下：

```
/*
name 珲少
age 27
*/
var obj = {
   name:"珲少",
   age:27,
}
for(key in obj){
   console.log(key,obj[key]);
}
```

这种对对象进行遍历获取对象中数据的方式在实际开发中十分常用。

2.1.8 中断结构

在学习 switch-case 结构时，我们曾提及 break 语句，它的作用是跳出 switch-case 结构，提前进行中断操作。在 JavaScript 中，常用的中断语句有 3 种：return、break、continue。

return 语句的作用是进行函数返回，在后面学习函数时将会着重介绍函数返回值的相关内容。break 语句主要用于 switch-case 结构和循环结构中，在 switch-case 结构中，其作用是当匹配成功一个 case 后，控制程序跳出 switch-case 结构。在循环结构中，break 语句的作用是跳出当前循环，示例代码如下：

```
while(true){
    console.log("执行循环啦");
    break;
}
```

上面的 while 循环判定条件虽然始终为 true，但是循环并没有无限执行下去，在循环体内遇到 break 语句后会直接跳出循环结构。

continue 语句的作用是跳过本次循环，需要注意的是，跳过循环并不会跳出循环，示例代码如下：

```
/*
将会依次输出 4, 3, 1, 0
*/
var i = 5;
while(i>0){
    i--;
    if (i==2) {
        continue;
    }
    console.log(i);
}
```

运行上述代码，通过打印信息可以看到，当 i==2 时，程序并没有执行到打印语句，这是由于 continue 语句使程序跳过了 continue 语句后的循环体中的代码，直接开始进行下一轮循环条件的判定。

2.1.9 异常捕获

代码在执行过程中难免会出现各种各样的异常，因此一款优质的产品往往需要经过层层测试，最大限度地保证用户在使用时不产生问题。在 JavaScript 中，写错了关键字，使用了作为声明的变量，或调用了不存在的属性和方法等都会产生异常，示例代码如下：

```
console.log(unKnow);
```

如果产生异常，则代码的运行会停止在产生异常处，并在控制台输出异常信息。例如，上面的代码是一个典型地使用了未声明变量的错误，运行上面的代码后，控制台将输出如下信息：

```
ReferenceError: unKnow is not defined
```

有时一个应用程序可能有多个功能，作为产品开发者，我们并不想因为某个功能的异常而使应用程序的所有功能都无法使用，这时可以使用 try-catch 结构对异常进行捕获，示例代码如下：

```
try{
    console.log(unKnow);
}catch(error){
    console.log("产生异常了");
}
console.log("程序继续运行");
```

运行上面的代码，虽然有异常产生，但是并没有影响程序的继续运行。

对于 try-catch 结构，try 后面的代码块中需要放入可能产生异常的代码，如果没有异常产生，则 try-catch 结构并没有任何作用，如果 try 代码块中有异常产生，则程序会将异常进行捕获，并将异常对象传入 catch 代码块中。在 catch 代码块中，我们可以对异常问题进行处理，catch 代码块执行完成后，程序不会受到影响，而是继续向后执行。

在 try-catch 结构的最后，还可以追加一个 finally 代码块，这个代码块会在 try-catch 结构执行完成之后执行。无论是否产生异常，finally 代码块中的代码都会被执行，示例代码如下：

```
try{
    console.log(unKnow);
}catch(error){
    console.log("产生异常了");
}finally{
    console.log("捕获异常结束");
}
console.log("程序继续运行");
```

除某些错误的操作会产生系统异常外，在必要的时候，开发者也可以手动抛出自定义的异常终止程序，示例代码如下：

```
throw "自定义异常";
console.log("程序继续运行");
```

自定义异常通常用于功能性函数中，当调用者使用了错误的调用方式或调用者传递的参数不合规时，为了避免后续产生更加严重的错误，可以通过抛出异常提前终止程序，并对调用者起到警告作用。

2.1.10 使用函数

函数这个概念在数学中也有，一个函数通常描述了一种计算模式，数学中的函数有3个要素：定义域、值域和映射关系。编程中的函数与数学中的函数概念十分类似，其也有3个要素，分别为参数、函数体和返回值。

函数的实质是一段可复用的代码块，通过函数名，可以直接对函数进行调用，示例代码如下：

```
function Log(){
    console.log("你好啊");
}
Log();//你好啊
```

如上述代码所示，使用function关键字定义函数时并不会执行内部的代码，当对函数进行调用时内部的代码才会执行，使用函数名加小括号的方式可以直接调用函数。

上面示例的函数非常简单，其没有显式地定义参数和返回值，很多时候，函数的执行需要依赖外部传递的参数，在函数定义时，小括号中可以定义参数列表，示例代码如下：

```
function Log(name,country){
    console.log("你好啊"+name+",欢迎来到"+country);
}
Log("珲少","中国");//你好啊珲少，欢迎来到中国
```

有时候，函数需要将执行的结果返回外部，这时就需要使用return语句，示例代码如下：

```
function Log(name,country){
    return "你好啊"+name+",欢迎来到"+country;
}
var res = Log("珲少","中国");
console.log(res);//你好啊珲少，欢迎来到中国
```

在JavaScript中，函数其实也是一种对象，这也表示可以将一个函数赋值给某个变量，示例代码如下：

```
var func = function(){
    console.log("匿名函数");
}
func();
```

上面定义的函数没有名字，这种函数也被称为匿名函数，将这个函数赋值给 func 变量，后面可以直接通过func变量调用函数。

ECMAScript6中新增了箭头函数的语法，之所以称为箭头函数，是因为在定义时使用了符号“=>”，示例代码如下：

```
var func = (name)=>{
    console.log(name);
}
func("珲少");
```

从定义格式来看，箭头函数和普通函数并没有太大的区别，都是由参数、函数体和返回值组成的，但是箭头函数有其特殊的性质，其中，this 的指向在函数声明时就已经固定，而普通函数中 this 的指向则在函数调用时才能确定，关于函数中 this 变量的内容，后面介绍对象的部分会详细讲解。

箭头函数也可以省略参数列表的小括号，并且如果函数体只有一行代码，那么函数体的大括号也可以省略，示例代码如下：

```
var func = name => console.log(name);
func("珲少");
```

2.1.11　使用对象

JavaScript 中的数据其实都是对象，对象实际上就是属性与方法的包装。属性用来存储数据，方法用来描述行为，在开发中，对象也用来模拟实际应用中的事务。例如，一个教学系统软件中通常会有许多教师的信息，每个教师都可以是一个对象，示例代码如下：

```
var teacher1 = {
    name:"珲少",
    age:27,
    subject:"JavaScript",
    teaching:function(){
        console.log(this.name+"老师正在教学"+this.subject);
    }
}
console.log(teacher1.name,teacher1.age,teacher1.subject);//珲少 27 JavaScript
teacher1.teaching();//珲少老师正在教学 JavaScript
```

使用点语法可以进行对象属性和方法的访问，也可以使用中括号的方式进行访问，示例代码如下：

```
//珲少 27 JavaScript
console.log(teacher1["name"],teacher1["age"],teacher1["subject"]);
teacher1["teaching"]();//珲少老师正在教学 JavaScript
```

> **注意：**
>
> 中括号中应是字符串类型的属性或方法名。

从上面的示例代码可以看到，在 teaching 方法中使用了 this 关键字，在普通函数中，这里的 this 关键字就是指调用此方法的对象本身，需要注意的是，这个对象并不一定始终是 teacher1 对象，示例代码如下：

```
var teacher1 = {
    name:"珲少",
    age:27,
    subject:"JavaScript",
    teaching:function(){
```

```
        console.log(this.name+"老师正在教学"+this.subject);
    }
}
var teacher2 = {
    name:"Lucy",
    age:25,
    subject:"Python",
}
teacher2.teaching = teacher1.teaching;
teacher2.teaching();//Lucy老师正在教学Python
```

上面的代码创建了两个教师对象，并将teacher1的teaching方法赋值给teacher2，这时当teacher2调用teaching方法时，其中的this就不再指teacher1对象，而是指teacher2对象，如果使用箭头函数定义teaching方法，则其中的this会始终指向当前词法作用域中的this对象。

2.1.12 定义类

类既可以理解为对象模板，也可以理解为对象工厂，即使用类可以方便生成对象，2.1.11节创建了两个教师对象，使用类来构造它们将更加方便，ECMAScript6中提供了class关键字帮助开发者快速定义类，示例代码如下：

```
class Teacher {
    constructor(name,age,subject){
        this.name = name;
        this.age = age;
        this.subject = subject;
    }
    teaching(){
        console.log(this.name+"老师正在教"+this.subject);
    }
}
var t1 = new Teacher("珲少",27,"JavaScript");
var t2 = new Teacher("Lucy",25,"Python");
t1.teaching(); //珲少老师正在教JavaScript
t2.teaching(); //Lucy老师正在教Python
```

在使用class关键字定义类时，类名一般采用首字母大写的命名方式。在定义类时，开发者需要实现类中的constructor方法，这个方法被称为构造方法，用来进行对象的构造，类中还可以定义一些其他的自定义方法。在使用类创建对象时，使用new关键字加类名的方式即可调用构造方法进行创建。

在JavaScript中，类也支持继承。继承是面向对象编程语言的基础特性，使用继承，子类可以直接使用父类中定义的对象属性和方法，继承能够使代码的复用性和程序的结构性更好。例如，教师也是人类，人类都会发起“问好”这个行为，我们可以再定义一个People类，让Teacher类继承它，示例代码如下：

```
class People {
    sayHi(){
        console.log("Hi");
    }
}
class Teacher extends People {
    constructor(name,age,subject){
        super();
        this.name = name;
        this.age = age;
        this.subject = subject;
    }
    teaching(){
        console.log(this.name+"老师正在教"+this.subject);
    }
}
var t1 = new Teacher("珲少",27,"JavaScript");
t1.teaching();      //珲少老师正在教 JavaScript
t1.sayHi();         //Hi
```

2.1.13　解构赋值

解构赋值也是 ECMAScript6 的一种新特性，通常会使用点语法获取对象中属性的值，示例代码如下：

```
var obj = {
    name:"珲少",
    age:27
}
var name = obj.name;
var age = obj.age;
console.log(name,age);      //珲少 27
```

如果对象中属性很多，这种方法会非常麻烦，并且增加许多逻辑类型的冗余代码，使用解构赋值可以一次性解析对象进行属性取值，示例代码如下：

```
var {name,age} = obj
console.log(name,age);      //珲少 27
```

在进行对象的解构赋值时，左侧大括号中声明的变量名字只要和对象的属性名一致，即可直接完成解析与赋值。需要注意的是，如果声明的变量名在对象中并没有属性可以对应，则会被赋值为 undefined，示例代码如下：

```
var obj = {
    name:"珲少",
    age:27
}
var {name,age,unKnow} = obj
console.log(name,age,unKnow);       //珲少 27 undefined
```

如果变量名与对象中的属性名不一致，也可以额外指定变量名，示例代码如下：

```
var {name:myName,age,unKnow} = obj
console.log(myName,age,unKnow);   //珲少 27 undefined
```

解构赋值也支持对象的嵌套，示例代码如下：

```
var obj = {
    name:"珲少",
    age:27,
    subObj:{
        name:"Lucy"
    }
}
var {name:myName,age,unKnow,subObj:{name:subName}} = obj
console.log(myName,age,subName,unKnow);//珲少 27 Lucy undefined
```

同样，对于数组的取值也可以使用解构赋值，语法上将大括号修改成中括号即可，示例代码如下：

```
var array = [1,2,3,4];
var [a,b,c,d] = array;
console.log(a,b,c,d);//1,2,3,4
```

2.1.14 Proxy 代理对象

Proxy 代理对象是 ECMAScript6 中的高级特性，可以对某个对象进行代理，之后可以拦截此对象的某些行为，使其实现额外的操作，最常用的场景是拦截对象属性的赋值和取值操作，控制对象属性值的有效性，示例代码如下：

```
var teacher = {
    name:"珲少",
    age:27,
}
var newTeacher= new Proxy(teacher,{
    get:function(obj,pro){
        console.log("要获取"+pro+"属性");
        return obj[pro];
    },
    set: function(obj, pro, value){
        console.log("要设置"+pro+"属性");
        obj[pro] = value;
    }
})
newTeacher.name = "Lucy";      //要设置 name 属性
console.log(newTeacher.name); //要获取 name 属性  Lucy
```

上面的代码首先创建了一个 teacher 对象，之后使用 Proxy 代理对象对其进行了代理，代理中重写了 get 方法和 set 方法。get 方法在对象属性取值的时候会被调用，set 方法在对象属性赋值的时候会被调用。需要注意的是，直接对 teacher 对象属性的操作需要使用 newTeacher 对象，这样才能触发代理方法。

2.1.15　Promise 承诺对象

使用 Promise 可以实现 JavaScript 异步编程。我们前面编写的所有代码都是同步进行的，也就是说，代码的执行是从上到下、从前到后的。在实际应用开发中，这种完全同步的编程方式往往具有很大的局限性，如大量数据的处理、网络信息的请求等耗时行为通常需要使用异步的方式进行处理，这样可以保证用户的界面交互不会被阻塞。下面的代码演示了 Promise 承诺对象的简单用法：

```
var promise = new Promise(function(success,failed){
    console.log("耗时任务执行");
    success("数据");
});
promise.then(function(res){
    console.log(res);
},function(error){
    console.log(error);
});
console.log("程序结束");
```

运行上面的代码，控制台的打印信息如下：

```
耗时任务执行
程序结束
数据
```

从打印信息可以看出，耗时任务首先被执行，但是并没有阻塞程序的继续运行，当程序运行结束后，会执行 then 方法中设置的回调。then 方法有两个参数：第 1 个参数指定 Promise 任务执行完成后的回调，第 2 个参数指定 Promise 任务执行失败的回调。在构造 Promise 承诺对象时，其参数为函数对象，这个函数对象中有两个参数，第 1 个参数为成功回调，第 2 个参数为失败回调，开发者可以根据 Promise 中的逻辑执行情况确定执行成功或失败回调。

2.2　应用程序的骨架——WXML 基础

WXML，全称是 WeiXin Markup Language，是专门在小程序中使用的一套标签语言。如果读者有开发网页的经验，那么很容易理解 WXML。WXML 中定义了一套完整的小程序基础组件标签，并且标签结合事件系统提供用户交互功能。在开发小程序页面时，第一步就是搭建页面结构，即编写 WXML 代码。

2.2.1 认识 WXML

一个完整的 WXML 标签由开始标签和结束标签组成。在开始标签和结束标签之间可以编写标签的内容，也可以嵌套其他标签，以之前创建的 HelloWorld 小程序为例，其中 index.wxml 文件中的代码如下：

```
<!--index.wxml-->
<view class="container">
  <text style='color:{{textColor}}'>HelloWorld</text>
  <button bindtap='changeColor'>变化颜色</button>
</view>
```

下面逐步解析上面的 5 行代码：<!--内容-->是 WXML 注释的写法，其中的内容并不会对程序产生任何影响，其作用只是帮助开发者阅读代码。index.wxml 文件定义了 3 个组件，最外层使用 view 组件作为容器，并将其 class 属性设置为 container，container 实际上是 WXSS 样式表中定义的一个全局的容器样式。

在 view 容器内部，我们又嵌套了一个 text 组件和一个 button 组件。text 组件用来显示文本，其中，style 属性可以设置文本的颜色、字体、字号等属性；button 组件用来渲染可以进行用户交互的按钮，其中，bindtap 属性用来绑定按钮单击方法。

每种标签都可以拥有其独特的属性，属性的设置一般都是通过 key="value"的方式在一组标签的开始标签中定义的。

2.2.2 将数据绑定到 WXML 界面中

小程序采用了响应式编程的设计思路，页面的展示是由数据进行驱动的，也就是说，如果数据产生变化，页面也会直接根据数据重新渲染。WXML 提供了数据绑定的功能。

以 HelloWorld 程序为例，其中，文本标签显示的文本“HelloWorld”是写在 text 组件内部的，如果需要动态改变这个文本的值，那么需要将其定义在 index.js 文件中，并绑定到 index.wxml 的 text 组件中，先修改 index.js 文件中页面函数中 data 属性的值，示例代码如下：

```
data: {
    textColor:'#ff0000',
    textData:'Hi,小程序'
}
```

页面所需要的数据通常定义在 data 属性中，这个属性的更改可以直接触发页面的重绘。修改 index.wxml 文件中的代码，示例代码如下：

```
<!--index.wxml-->
<view class="container">
  <text style='color:{{textColor}}'>{{textData}}</text>
  <button bindtap='changeColor'>变化颜色</button>
</view>
```

刷新模拟器，效果如图 2-2 所示，可以看到 text 组件已经成功绑定了 textData 数据。

图 2-2　为组件动态绑定数据

“{{}}”属性绑定的基本语法，不只是标签的内容，标签的属性也可以动态进行绑定，上面示例代码中的文本颜色属性就是通过 textColor 数据动态设置的，需要注意的是，属性的数据在绑定时，应将其放入引号内。还有一个细节需要注意，若主要标签绑定的数据值为 undefined，则标签是不会被渲染的，示例代码如下：

```
<text style='color:{{textColor}}'>{{textData}}</text>
```

2.2.3　WXML 的逻辑能力

除可以直接绑定数据外，“{{}}”还拥有一些简单的逻辑能力，如使用运算符进行一些运算操作：

```
<text style='color:{{textColor}}'>{{textData + "! 一起来学习吧"}}</text>
```

运行代码，效果如图 2-3 所示。

图 2-3　标签绑定数据中添加运算逻辑

WXML 也支持进行条件渲染，即当满足判定条件时，此标签才被渲染，通过为标签添加 wx:if 属性设置条件，示例代码如下：

```
<text wx:if="{{false}}" style='color:{{textColor}}'>{{textData + "! 一起来学习吧"}}</text>
```

上面的示例代码将 wx:if 属性对应的值设置为 false，刷新模拟器可以看到文本标签将不会被渲染，在通常情况下，wx:if 属性绑定的数据是一个条件表达式，示例代码如下：

```
<text wx:if="{{textData.length>0}}" style='color:{{textColor}}'> {{textData + "! 一起来学习吧"}}</text>
```

wx:if 属性也可以和 wx:elif、wx:else 结合使用，从而实现更复杂的条件渲染逻辑，示例代码如下：

```
<text wx:if="{{textData.length>3}}" style='color:{{textColor}}'> {{textData + "! 一起来学习吧"}}</text>
<text wx:elif="{{textData.length>0}}" style='color:{{textColor}}'> HelloWorld </text>
<text wx:else>无数据</text>
```

上面的代码会判定 textData 数据的长度，大于 3 个字符则在页面上显示 textData 数据拼接上“！一起来学习吧”，如果不大于 3 个字符但大于 0 个字符，则在页面显示 textData 的值，否则在页面显示“无数据”。

如果需要同时对多个标签进行条件渲染，则可以使用 block 标签进行包裹，然后控制 block 标签的渲染条件即可，示例代码如下：

```
<block wx:if="{{textData.length>0}}">
  <text style='color:{{textColor}}'>{{textData + "! 一起来学习吧"}}</text>
  <text>END</text>
</block>
```

在学习 JavaScript 的语法时，我们了解到，分支和循环是程序流程控制的两大逻辑。对于 WXML 的渲染也是一样，WXML 也支持循环渲染标签，这是小程序简单列表的基本开发方式，使用 wx:for 实现对数组的遍历，并循环渲染标签内部内容，首先在页面数据源中定义一个数据，示例代码如下：

```
data: {
    textColor:'#ff0000',
    textData:'Hi,小程序',
    listData:["JavaScript","Python","C++","Ruby"],
}
```

修改 index.wxml 文件，示例代码如下：

```
<!--index.wxml-->
<view class="container">
  <text wx:for="{{listData}}">
    {{index}}:{{item}}
  </text>
</view>
```

wx:for 属性会对数据进行遍历，并且自动生成两个临时变量：index 和 item。index 为当前遍历数据元素的下标值，从 0 开始；item 为当前遍历出的数据元素。运行上面的代码，效果如图 2-4 所示。

开发者也可以对数组遍历的临时变量名进行自定义：wx:for-index 用来自定义下标变量名，wx:for-item 用来自定义元素变量名。示例代码如下：

```
<text wx:for="{{listData}}" wx:for-index="id" wx:for-item="lan">
    {{id}}:{{lan}}
</text>
```

和 wx:if 的逻辑一样，如果要进行多个标签的循环渲染，可以使用 block 标签将需要循环的代码块进行包裹，示例代码如下：

```
<block wx:for="{{listData}}" wx:for-index="id" wx:for-item="lan">
  <text style='margin:0'>
    {{id}}:{{lan}}
  </text>
  <button>报名</button>
</block>
```

运行代码，效果如图 2-5 所示。

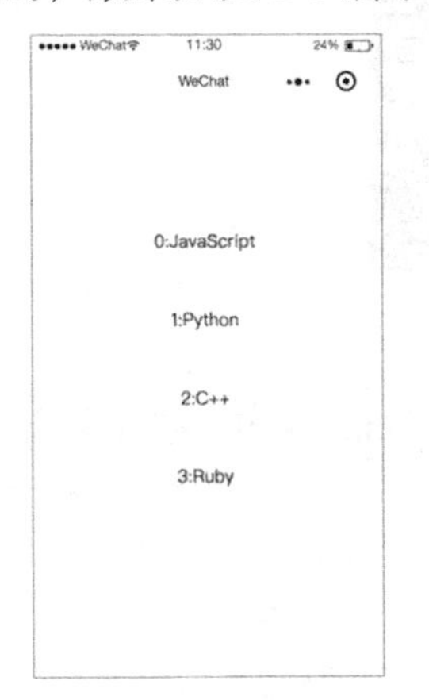

图 2-4　循环渲染

图 2-5　组合标签循环渲染

2.2.4　WXML 模板

对于组合复杂且复用性强的组件，可以将其定义为模板，在使用时直接使用模板即可，示例代码如下：

```
<template name="item">
  <text style='margin:0'>
      {{id}}:{{lan}}
  </text>
  <button>报名</button>
</template>
<view class="container">
  <block wx:for="{{listData}}">
```

```
    <template is="item" data="{{id:index,lan:item}}"></template>
  </block>
</view>
```

在上面的代码中，开始的 template 标签定义了一个模板，模板的名字为 item，后面需要通过模板名指定要使用的模板，模板中可能会用到外面传递的一些数据，在使用模板时，通过设置 data 属性可以进行数据的传递，上面的示例代码演示了将遍历出的列表数据传递到模板内进行渲染。

上面的示例代码将模板定义在 index.wxml 文件中，但在实际开发中通常不会这样做，模板一般都是具有复用性的组件，为了便于复用，一般会将模板定义在单独的文件中，在需要使用时进行引用，首先在工程的根目录下创建一个新的文件夹，命名为 template，如图 2-6 所示。

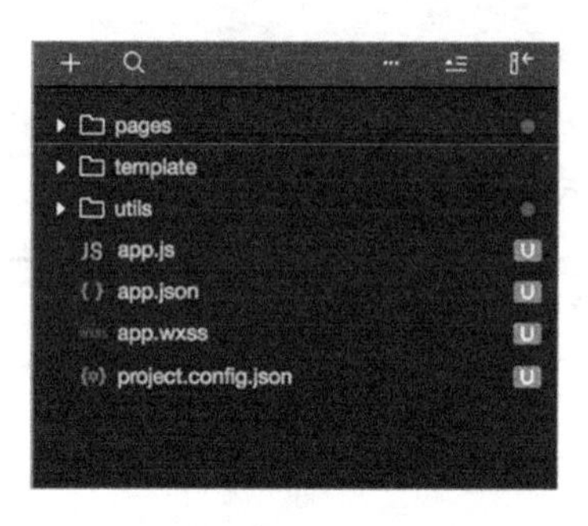

图 2-6　新建模板文件夹

在 template 文件夹中新建一个 WXML 文件，命名为 item.wxml，在其中编写如下代码：

```
<template name="item">
  <text style='margin:0'>
      {{id}}:{{lan}}
  </text>
  <button>报名</button>
</template>
```

修改 index.wxml，示例代码如下：

```
<import src="../../template/item.wxml"></import>
<view class="container">
  <block wx:for="{{listData}}">
    <template is="item" data="{{id:index,lan:item}}"></template>
  </block>
</view>
```

import 标签的作用是导入其他模板文件，在导入时需要注意路径的正确性，与之类似的还有 include 标签，include 标签会将文件中除 template 标签和 wxs 标签外的所有内容直接复制到当前 include 的位置。例如，在工程根目录下新建一个命名为 common 的文件夹，用来存放公共组件，在其中新建一个命名为 header.wxml 的文件，编写的代码如下：

```
<text >
  头部视图
</text>
```

修改 index.wxml 文件，示例代码如下：

```
<import src="../../template/item.wxml"></import>
<include src="../../common/header.wxml"></include>
<view class="container">
  <block wx:for="{{listData}}">
    <template is="item" data="{{id:index,lan:item}}"></template>
  </block>
</view>
```

运行代码，效果如图 2-7 所示。

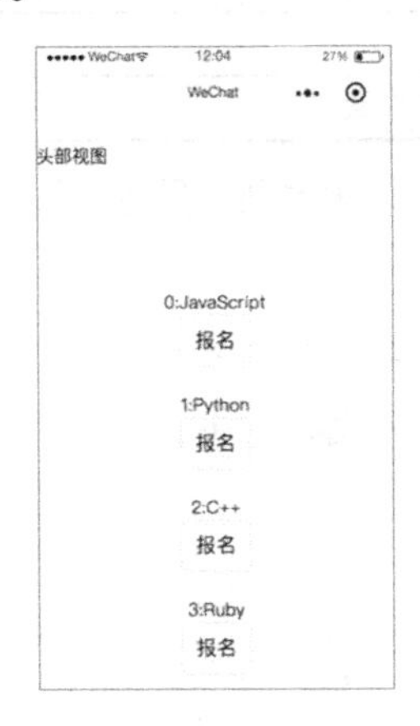

图 2-7　引入公用组件

2.3　装裱与布局——WXSS 基础

使用 JavaScript 可以进行界面数据和交互逻辑的处理，使用 WXML 可以进行页面结构的搭建，使用 WXSS 可以进行页面布局和样式的细化调整。WXSS 是专供小程序使用的一套样式表语言，与网页开发中的 CSS 语法基本一致，只是针对小程序做了一些补充和修改。

2.3.1　WXSS 与 CSS

对于编写 CSS 代码来说，最重要的是掌握选择器的用法及熟悉样式属性的用法。WXSS 与 CSS 的选择器和属性基本一致，相较于 CSS，WXSS 优化了尺寸单位，新增了样式导入。

关于尺寸，WXSS 除支持 CSS 定义的全部尺寸单位外，还额外定义了一个自适应像素单位（rpx），可使用的尺寸单位如表 2-5 所示。

表 2-5　可使用的尺寸单位

单　　位	名　　称	解　　释
%	百分比	设置尺寸百分比
in	英寸	英寸单位
cm	厘米	厘米单位
mm	毫米	毫米单位
em	字体单位	1em 等于当前字体的尺寸，在严格控制文本高度时这个单位非常有用
ex	字体水平尺寸单位	1ex 等于当前一个字体的水平宽度
pt	磅	1pt 等于 1/72in
pc	派卡	1pc 等于 12pt
px	像素	1px 为屏幕上的一个点
rpx	自适应像素	规定屏幕为 750rpx

通过表 2-5 列举的尺寸单位可以精准地控制组件的渲染尺寸，如修改 index.wxml 代码，示例代码如下：

```
<text class='label'>HelloWorld</text>
```

在 index.wxss 中编写样式，示例代码如下：

```
.label {
  background-color: red;
  width: 100%;
  display: inline-block;
}
```

运行代码，效果如图 2-8 所示。

图 2-8　定义组件尺寸

上面的 display 属性设置组件的展示模式，默认 text 组件为行内元素，将其更改为块级元素使尺寸设置生效。

关于样式表的导入其实非常简单，组件的导入也一样，我们可以将一些通过的样式定义在公共样式表文件中，在需要使用的页面进行导入即可。例如，在 common 文件夹下，新建一个命名为 common.wxss 的文件，编写如下代码：

```
.label {
  background-color: red;
  width: 100%;
  display: inline-block;
}
```

在 index.wxss 中直接进行引用即可，示例代码如下：

```
@import '../../common/common.wxss'
```

在引用时需要注意路径的正确性。

2.3.2　WXSS 选择器

选择器的作用是匹配文档中的元素，最简单的选择器是元素选择器，示例代码如下：

```
text {
  color:green;
}
```

上面 WXSS 代码设置页面中所有 text 组件文字颜色为绿色。在选择元素时，也可以进行组合选择，示例代码如下：

```
text,button {
  color:green;
}
```

上面的代码设置页面中所有 text 组件和 button 组件的文本颜色为绿色。

类选择器会匹配元素的 class 属性，如下面的 text 组件设置其 class 属性为 label：

```
<text class='label'>HelloWorld</text>
```

使用符号“.”加上 class 名可以选中这个元素，示例代码如下：

```
.label {
  color: blue;
}
```

id 选择器会匹配元素的 id 属性，如下面的 text 组件设置其 id 属性为 label：

```
<text id='label'>HelloWorld</text>
```

使用符号“#”加上 id 名可以选中这个元素，示例代码如下：

```
#label{
  color: purple;
}
```

也可以通过标签的任意一个属性选中元素，示例代码如下：

```
[id] {
  background: wheat;
}
```

上述代码的作用是选中所有设置 id 属性值的元素，也可以根据属性值进行精准选择，示例代码如下：

```
[id=label] {
  background: wheat;
}
```

后代选择器可以精准地选中某个父标签下的子标签，修改 index.wxml 文件，示例代码如下：

```
<view>
  <text>View 内部文本</text>
</view>
<text id='label'>HelloWorld</text>
<button>按钮</button>
```

上面的代码创建了两个 text 标签，其中一个包裹在 view 标签内，要选中它，可以使用后代选择器，示例代码如下：

```
view text {
  color: red;
}
```

与后代选择器对应的还有子选择器，后代选择器会选中父标签内所有的指定元素，无论层级结构如何；而子选择器只会选择父标签中的子元素，子元素的子元素不会被选择。示例代码如下：

```
view > text {
  color: red;
}
```

兄弟选择器用在同级元素的选择中，修改 index.wxml 文件，示例代码如下：

```
<view class='view'>
  <text>View 内部文本</text>
</view>
<text id='label'>HelloWorld</text>
<button>按钮</button>
```

使用如下选择器可以选中紧跟 view 组件后面的 text 组件元素：

```
.view + text {
  background: black;
}
```

2.3.3 WXSS 背景相关属性

WXSS 中提供了许多背景属性，开发者可以对组件的背景进行自定义。常用背景设置相关属性如表 2-6 所示。

表 2-6　常用背景设置相关属性

属性名	意义	值
background-color	设置背景色	颜色值
background-image	设置背景图片	图片地址 URL
background-repeat	设置图片背景的重复方式	repeat：背景图像将在垂直方向和水平方向重复 repeat-x：背景图像将在水平方向重复 repeat-y：背景图像将在垂直方向重复 no-repeat：背景图像将仅显示一次
background-position	设置如何定位图片	水平和垂直方向分别有 top、left、right、bottom、center 5 个关键字可用，在设置时，可以组合使用，也可以使用百分比或像素的方式自定义图片显示位置
background-attachment	设置背景是否随页面滚动	scroll：背景随页面滚动 fixed：背景不随页面滚动

2.3.4　WXSS 文本相关属性

文本相关属性用来对元素中的文字进行设置，其可以对文字的字体、字号、颜色、对齐方式、缩进等属性进行配置。文本相关属性如表 2-7 所示。

表 2-7　文本相关属性

属性名	意义	值
text-indent	设置文本缩进，块级元素有效	尺寸数值
text-align	设置文本的对齐方式	left：左对齐 right：右对齐 center：居中对齐 justify：两端对齐
word-spacing	设置词组之间的间距	尺寸数值
letter-spacing	设置字符之间的间距	尺寸数值
text-transform	进行大小写设置	none：不改变原文 capitalize：每个单词首字母大写 uppercase：所有字符转换为大写 lowercase：所有字符转换为小写
text-decoration	进行文本修饰	none：不进行修饰 underline：添加下画线 overline：添加上画线 line-through：添加删除线
white-space	处理空白字符	none：不处理 nowrap：不换行
color	设置文本颜色	颜色值
font-family	设置文本字体	字体名

续表

属　性　名	意　　义	值
font-style	设置字体风格	normal：标准 italic：斜体
font-weight	设置字体粗细	normal：正常 bold：加粗 bolder：更粗 lighter：更细 也可以设置 100～900 的整百数值
font-size	设置字体尺寸	尺寸数值

2.3.5　WXSS 边距与边框相关属性

边距用来控制组件与组件之间、组件与组件内部子组件之间的布局效果。边框相关属性用来设置组件的边界显示效果，如表 2-8 所示。

表 2-8　边框相关属性

属　性　名	意　　义	值
margin-left	设置组件外左边距	尺寸数值
margin-right	设置组件外右边距	尺寸数值
margin-bottom	设置组件外下边距	尺寸数值
margin-top	设置组件外上边距	尺寸数值
padding-left	设置组件内左边距	尺寸数值
padding-right	设置组件内右边距	尺寸数值
padding-bottom	设置组件内下边距	尺寸数值
padding-top	设置组件内上边距	尺寸数值
border-style	设置边框样式	none：无边框 dotted：点状边框 dashed：虚线边框 solid：实线边框 double：双线边框 groove：3D 凹槽边框 ridge：3D 隆起边框 inset：3D 内凹边框 outset：3D 外凸边框
border-top-style	定义上边框样式	none：无边框 dotted：点状边框 dashed：虚线边框 solid：实线边框 double：双线边框 groove：3D 凹槽边框 ridge：3D 隆起边框 inset：3D 内凹边框 outset：3D 外凸边框

续表

属　性　名	意　　义	值
border-right-style	定义右边框样式	none：无边框 dotted：点状边框 dashed：虚线边框 solid：实线边框 double：双线边框 groove：3D 凹槽边框 ridge：3D 隆起边框 inset：3D 内凹边框 outset：3D 外凸边框
border-bottom-style	定义下边框样式	none：无边框 dotted：点状边框 dashed：虚线边框 solid：实线边框 double：双线边框 groove：3D 凹槽边框 ridge：3D 隆起边框 inset：3D 内凹边框 outset：3D 外凸边框
border-left-style	定义左边框样式	none：无边框 dotted：点状边框 dashed：虚线边框 solid：实线边框 double：双线边框 groove：3D 凹槽边框 ridge：3D 隆起边框 inset：3D 内凹边框 outset：3D 外凸边框
border-width border-top-width border-right-width border-bottom-width border-left-width	定义边框宽度	尺寸数值
border-color border-top-color border-right-color border-bottom-color border-left-color	设置边框颜色	颜色值

2.3.6 WXSS 元素定位相关属性

在默认情况下，小程序的页面布局和网页一样，是从上到下流式布局的。与 CSS 不同的是，WXSS 提供了一套弹性盒的布局方式，关于弹性盒布局，后面在介绍小程序页面布局技术时会详细介绍，本节仅列举设置元素显示和元素定位方式的相关属性，如表 2-9 所示。

表 2-9 设置元素显示和元素定位方式的相关属性

属性名	意义	值
display	设置元素展示类型	none：不显示 block：块级元素，独占一行 inline：行内元素 inline-block：行内块元素
position	设置元素定位方式	static：默认定位，根据流布局位置确定 relative：相对定位，相对于其在流中的正常位置进行定位 fixed：绝对定位，相对页面窗口进行定位 absolute：绝对定位，相对父元素进行定位

相对定位可以使元素相对于其当前位置进行调整，通过设置 left、right、top、bottom 属性分别进行左、右、上、下的调整，示例代码如下：

```
.hello {
  color: red;
  border-style: inset;
  display: block;
  position: relative;
  left: 20rpx;
  top:20rpx;
}
```

运行代码，效果如图 2-9 所示。

fixed 绝对定位相对于页面窗口进行定位，不会占据流式布局的空间，使用它可以将组件固定在页面窗口的某个位置，并且不会随页面的滚动而滚动。通过设置 left、right、top、bottom 属性分别进行相对页面窗口左、右、上、下距离的调整，示例代码如下：

```
.hello {
  color: red;
  border-style: inset;
  display: inline-block;
  position: fixed;
  left: 20rpx;
  bottom:20rpx;
  top:20rpx;
}
```

运行代码，效果如图 2-10 所示。

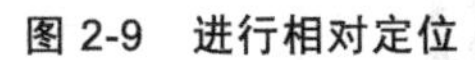
图 2-9　进行相对定位

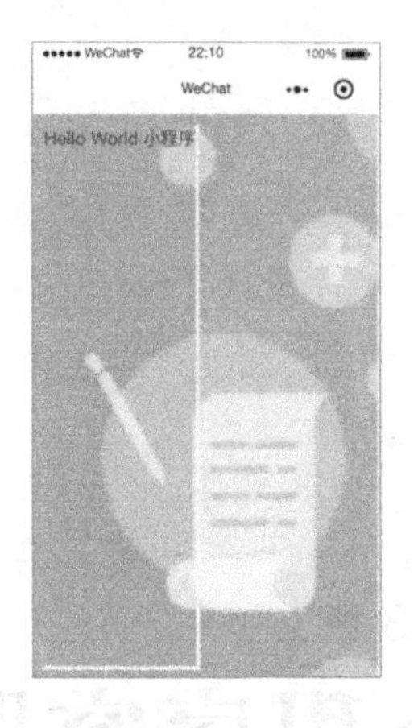

图 2-10　相对于页面窗口的绝对定位

absolute 绝对定位和 fixed 绝对定位类似，只是 absolute 是相对父容器的绝对定位，会跟随父容器滚动。

2.3.7　其他显示效果相关属性

WXSS 中还定义了许多元素的尺寸设置、透明度设置等属性，如表 2-10 所示。

表 2-10　元素的尺寸设置、透明度设置等属性

属　性　名	意　　义	值
height	设置元素高度	尺寸数值
line-height	设置元素行高	尺寸数值
max-height	设置元素最大高度	尺寸数值
max-width	设置元素最大宽度	尺寸数值
min-height	设置元素最小高度	尺寸数值
min-width	设置元素最小宽度	尺寸数值
width	设置元素宽度	尺寸数值
opacity	设置元素透明度	0～1 的数值
border-radius	设置边框圆角	尺寸数值
box-shadow	设置阴影	例如，box-shadow：2px 2px 3px #aaaaaa; 从左到右依次设置水平阴影偏移量、垂直阴影偏移量、模糊程度、阴影颜色
border-image	设置图片边框	图片地址
text-shadow	设置文字阴影	例如，text-shadow：5px 5px 5px #FF0000; 从左到右依次设置水平阴影偏移量、垂直阴影偏移量、模糊程度、阴影颜色

第 3 章

小程序容器组件应用

从本章开始，将正式学习小程序界面开发。通过第 2 章的学习，我们已经具备了小程序开发的所有基本技能，本章将展开介绍小程序开发中容器组件的应用。容器组件的主要作用是作为容器，同时进行其他组件的组合和布局。

3.1　view 视图组件

view 视图组件是小程序界面系统中最基础的视图组件。学习组件，最重要的是学习组件的属性。小程序组件系统中有一些属性是公共的，即所有组件都用这些属性。小程序组件通用属性如表 3-1 所示。

表 3-1　小程序组件通用属性

属　性　名	意　　义	值　类　型
id	组件的标识	字符串
class	组件设置的类	字符串
style	动态设置组件的风格样式	字符串
hidden	设置组件是否隐藏	布尔值
data-*	*是一个通配符，用来设置组件的用户数据，并进行组件传值	任意类型值
bind*/catch*	*是一个通配符，这些属性用来为组件添加用户交互方法	事件处理方法对象

3.1.1　view 视图组件核心属性

view 视图组件中提供的常用属性如表 3-2 所示。

表 3-2　view 视图组件中提供的常用属性

属　性　名	意　　义	值　类　型
hover-class	设置按下时的 class 类	字符串
hover-stop-propagation	是否拦截父组件的点击状态	布尔值
hover-start-time	设置手指按下多长时间后组件出现点击状态	数值，单位为 ms
hover-stay-time	设置手指松开后多长时间取消点击状态	数值，单位为 ms

3.1.2　组件 flex 布局

view 视图组件常作为布局容器用来布局和组合其他子组件。例如，进行简单的、从上到下的列布局，首先在 index.wxml 中编写如下测试代码，搭建页面结构：

```
<!--index.wxml-->
<!--外层容器视图-->
<view class="container">
```

```
    <!--定义了 3 个子视图-->
   <view class='sub-view'>
   </view>
   <view class='sub-view' >
   </view>
   <view class='sub-view' >
   </view>
</view>
```

上述代码定义了一个容器 view 视图，并在其中定义了 3 个 view 子视图，为其设置 class 属性后，在 index.wxss 文件中编写如下代码：

```
/**index.wxss**/
/**容器布局样式**/
.container {
  display: flex;
  flex-direction: column;
}
/**子视图布局样式**/
.sub-view {
  background-color: red;
  margin-top: 50rpx;
  height:50rpx;
}
```

运行代码，效果如图 3-1 所示。

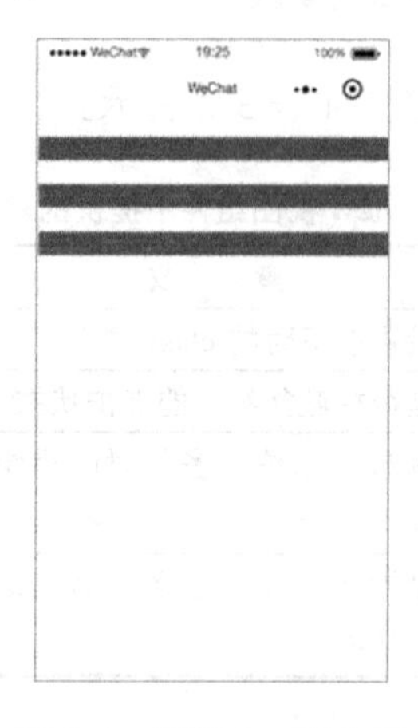

图 3-1 进行 flex 列布局

上述代码使用了 flex 布局，在这种布局模式下，可以将布局容器想象成一个有弹性的盒子，其尺寸大小由其中的子组件决定，子组件的宽度或高度会将父容器撑满。使用 flex 布局需要将组件样式表中的 display 属性设置为 flex。flex 布局中有如下几个重要的属性需要了解。

1．flex-direction

flex-direction 属性用来设置布局的主轴方向，即子元素的排列方向，其可选值有如下几种：row、row-reverse、column、column-reverse。row 表示行布局，子元素从左向右排列；row-reverse 也表示行布局，子元素从右向左排列；column 表示列布局，子元素从上到下排列；column-reverse 也表示列布局，子元素从下到上排列。

2．flex-wrap

flex-warp 设置换行模式：默认值为 nowarp 不进行换行；设置为 warp，当元素尺寸溢出时会进行换行；设置为 warp-reverse 则会逆向进行换行，即第一行在下。

3．justify-content

justify-content 属性设置子元素在主轴方向上的对齐方式：flex-start 表示左对齐；flex-end 表示右对齐；center 表示居中对齐；space-between 表示两端对齐；space-around 表示等间隔对齐。

4．align-items

align-items 设置元素在次轴上的对齐方式，次轴方向与主轴方向垂直：设置 flex-start 为正方向对齐，行布局则表示从左到右，列布局则表示从上到下；flex-end 的对齐方向与 flex-start 相反；center 则进行居中对齐。

5．align-content

align-content 属性比较难理解，它用来设置当弹性盒中有多个轴线时的内容整体对齐方式。例如，如果出现了换行，这个属性可以设置整体的对齐方式，设置为 stretch 则内容会整体充满，设置为 flex-start 表示正方向对齐，设置为 flex-end 表示逆方向对齐，设置为 center 表示居中对齐，设置为 space-between 表示两端对齐，设置为 space-around 表示等间隔对齐。

上面介绍的这些属性都是用在作为容器的组件上的，对于 flex 布局的子组件，也有一些属性可以用来设置，如表 3-3 所示。

表 3-3　flex 布局相关属性

属性名	意义	值类型
order	设置子组件的排序，设置的值越小，排序越靠前	数值类型
flex-grow	设置组件是否自动放大	默认为 0，表示有剩余空间也不放大；设置为 1，则会进行放大
flex-shrink	设置组件是否自动缩小	默认为 1，如果空间不足则会自动缩小；设置为 0，则不会自动缩小
align-self	覆盖父容器的 align-items 属性	与 align-items 属性的取值一样

3.2 可滚动的容器视图组件

小程序的默认布局框架提供了很好的延展性。因此，即使不使用滚动容器组件，当内容区域的尺寸大于窗口尺寸时，内容区域就默认会变得可以滚动。小程序开发框架中也提供了一些用于将窗口的某一部分作为可滚动区域的组件。

3.2.1 scroll-view 滚动视图组件

scroll-view 是一个容器组件，在使用时必须为其设置明确的尺寸，即 style 列表中的 width 属性和 height 属性。下面的代码演示了 scroll-view 的基础用法。首先，在 index.wxml 文件中编写如下代码：

```
<!--index.wxml-->
<!--滚动容器-->
<scroll-view class='scroll' scroll-y scroll-x>
  <view class='sub-view' > </view>
  <view class='sub-view' > </view>
  <view class='sub-view' > </view>
  <view class='sub-view' > </view>
  <view class='sub-view' > </view>
</scroll-view>
```

其次，在 index.wxss 文件中编写如下样式表：

```
/**index.wxss**/
.sub-view {
  height: 300rpx;
  width: 300rpx;
  margin-top: 80rpx;
  background-color: red;
}
/**定义滚动容器样式**/
.scroll {
  width: 200rpx;
  height: 500rpx;
}
```

运行上述代码，在页面上的 scroll-view 区域内可以进行水平方向和垂直方向上的滚动。scroll-view 中如果添加了 scroll-x 则表示允许水平方向上的滚动，如果添加了 scroll-y 则表示允许垂直方向上的滚动。scroll-view 组件中的常用属性如表 3-4 所示。

表 3-4　scroll-view 组件中的常用属性

属 性 名	意　义	值 类 型
bindscrolltoupper	设置滚动视图滚动到顶部或左部时触发的回调方法	函数对象，会将事件对象作为参数传入函数中
bindscrolltolower	设置滚动视图滚动到底部或右部时触发的回调方法	函数对象，会将事件对象作为参数传入函数中
upper-threshold	设置距离顶部或左部多远距离时开始触发回调方法	数值
lower-threshold	设置距离底部或右部多远距离时开始触发回调方法	数值
scroll-into-view	进行滚动位置定位，其值可以设置为内部子元素的 id 值（id 值不能以数字开头），滚动视图会直接滚动到此子组件的位置	字符串
scroll-with-animation	在设置滚动条位置时是否使用过渡动画	布尔值
scroll-top	设置垂直方向上滚动视图滚动到距离顶部的距离	数值
scroll-left	设置水平方向上滚动视图滚动到距离左部的距离	数值
bindscroll	绑定滚动视图滚动时的回调函数	函数对象

在使用 scroll-view 滚动视图时，需要注意以下 3 点。

- 滚动视图必须设置明确的尺寸。
- scroll-into-view 定位属性的优先级要高于 scroll-top/scroll-left。
- scroll-top/scroll-left 设置的值必须为数值，不能带单位。

3.2.2　swiper 轮播组件

swiper 是一个更加高级的滚动容器组件，在引用开发中经常会使用到轮播组件，swiper 将轮播组件的自动播放、滑动交互、面板知识点等都进行了封装，使用十分方便，示例如下。首先，在 index.wxml 文件中编写如下代码：

```
<!--index.wxml-->
<!--定义轮播组件-->
<swiper>
  <!--轮播组件中的子视图必须包装为 swiper-item 组件-->
  <swiper-item item-id="0">
    <view class='item1'></view>
  </swiper-item>
  <swiper-item item-id="1">
    <view class='item2'></view>
```

```
  </swiper-item>
</swiper>
```

其次，在 index.wxss 文件中添加如下样式表的定义：

```
/**index.wxss**/
.item1 {
  background-color: red;
  height: 100%;
}
.item2 {
  background-color: green;
  height: 100%;
}
```

①注意：

swiper 中只能放置 swiper-item 组件，swiper-item 组件作为轮播组件中的元素视图可以继续嵌套其他组件。swiper-item 组件的 item-id 属性作为元素的唯一标识，用来进行元素的定位。

swiper 组件的常用属性如表 3-5 所示。

表 3-5　swiper 组件的常用属性

属　性　名	意　　义	值　类　型
indicator-dots	设置是否显示指示点	添加这个属性则会显示，否则不显示
indicator-color	设置指示点的颜色	颜色值
indicator-active-color	设置指示点选中状态下的颜色	颜色值
autoplay	设置是否进行自动轮播	添加这个属性则会自动轮播，否则不会自动轮播
current	定位当前展示的元素	数值，元素的位置
current-item-id	定位当前展示的元素	通过 item-id 进行定位
interval	设置自动轮播的时间间隔	数值，单位为 ms
duration	设置滑动动画的播放时长	数值，单位为 ms
circular	设置是否循环播放	添加这个属性则会循环播放，否则不会循环播放
vertical	设置是否垂直方向滚动	默认为水平方向滚动，添加这个属性则设置为垂直方向滚动
previous-margin	设置前边距	尺寸
next-margin	设置后边距	尺寸
display-multiple-items	设置同时显示的元素个数	数值
bindchange	设置元素切换时触发的回调方法	函数对象
bindtransition	设置元素位置发生变化时的回调方法	函数对象
bindanimationfinish	设置元素运动动画结束后的回调方法	函数对象

3.2.3　movable-view 可拖曳组件

movable-view 组件允许用户在一定范围内进行组件的拖住放置。movable-view 组件必须放置在 movable-area 容器组件内，示例如下。首先，在 index.wxml 文件中编写如下代码：

```
<!--index.wxml-->
<!--定义可拖曳区域-->
<movable-area class="area">
  <!--定义可拖曳的元素-->
  <movable-view class='view' direction="all" out-of-bounds scale> </movable-view>
</movable-area>
```

其次，在 index.wxss 文件中添加如下样式表：

```
/**index.wxss**/
.area {
  background-color: red;
  width: 400rpx;
  height: 600rpx;
}
.view {
  background-color: green;
  width: 100rpx;
  height: 100rpx;
}
```

运行上述代码，可以尝试在窗口中进行色块的拖曳移动。

在使用 movable-area 时，必须明确为其指定尺寸。如果 movable-view 的尺寸小于 movable-area 的尺寸，则用户可以在 movable-area 范围内进行 movable-view 组件的拖曳放置；如果 movable-view 的尺寸大于 movable-area 的尺寸，则其表现效果与 scroll-view 基本一致。

movable-view 组件的常用属性如表 3-6 所示。

表 3-6　movable-view 组件的常用属性

属 性 名	意　义	值 类 型
direction	设置可拖曳的方向	字符串： all，所有方向 vertical，垂直方向 horizontal，水平方向 none，不可移动
inertia	设置是否有惯性	添加这个属性则会有惯性，否则没有惯性
out-of-bounds	组件的移动是否可以超出 movable-area 的范围	添加这个属性则允许超出，否则不允许超出

续表

属 性 名	意 义	值 类 型
X	通过绝对定位的方式定位组件的横坐标	数值
Y	通过绝对定位的方式定位组件的纵坐标	数值
damping	设置动画的阻尼系数	数值
friction	设置动画的摩擦系数	数值
disabled	是否禁止拖曳	添加这个属性则禁止拖曳，否则允许拖曳
scale	是否支持双指进行缩放操作	添加这个属性允许缩放，否则不允许缩放
scale-min	设置最小缩放比例	数值
scale-max	设置最大缩放比例	数值
scale-value	设置当前的缩放比例	数值为 0.5～10
animation	设置是否使用动画	添加这个属性则使用动画，否则不使用动画
bindchange	设置拖曳过程中的回调函数	函数
bindscale	设置缩放过程中的回调函数	函数
htouchmove	设置手指触摸并横向移动后的回调函数	函数
vtouchmove	设置手指触摸并纵向移动后的回调函数	函数

3.3 浮层视图组件

一般情况下可能不需要使用浮层视图。浮层视图组件主要用于自定义原生组件。在小程序开发中，一些提供特殊功能的组件会采用原生组件的方式进行渲染，原生组件包括 map、video、canvas、camera、live-player、live-pusher。

例如，map 组件专门用来创建地图视图，作为原生组件，map 组件内部是不能嵌套一般的小程序视图组件的，原生组件的层级非常高，向其中加入其他视图组件不会产生任何效果。

> ⓘ**注意：**
>
> 对于原生组件，模拟器和真机的表现形式差异很大，所以最好使用真机进行测试。

3.3.1 cover-view 浮层文本视图

cover-view 组件专门用于在原生组件上添加文本浮层，也可以继续进行嵌套，示例代码如下。在 index.wxml 文件中编写如下测试代码：

```
<!--index.wxml-->
<map>
<!--此组件可以覆盖在原生组件上面-->
<cover-view style='background-color:red'>HelloWorld</cover-view>
</map>
```

map 组件会在页面上渲染出一个地图视图，运行上面的代码可以看到地图效果。

cover-view 组件支持定位、布局及文本样式的设置，如果要在原生组件上覆盖图片视图，则需要使用 cover-image 组件。

3.3.2　cover-image 浮层图片视图

cover-image 组件的使用和应用场景与 cover-view 基本一致，其拥有加载图片的功能。示例代码如下：

```
<!--index.wxml-->
<map>
<!--覆盖在原生组件上面的图片组件-->
<cover-image style='width:200rpx; height:200rpx' src='http://huishao.cc/ img/
avatar.jpg'></cover-image>
</map>
```

运行上述代码，可以看到图片会被加载到地图视图上。cover-image 组件的常用属性如表 3-7 所示。

表 3-7　cover-image 组件的常用属性

属 性 名	意 义	值 类 型
src	设置图片的路径	路径
bindload	设置图片加载完成时的回调方法	函数
binderror	设置图片加载失败时的回调方法	函数

cover-image 组件与 cover-view 组件通常会组合使用，用来扩展和定制原生组件的功能。

第 4 章

小程序中的视图组件

组件是页面的基础，在开发面向用户的应用程序时，为用户提供一个简洁、高效且大方美观的界面非常重要，俗话说“人靠衣装马靠鞍”，漂亮的界面可以为用户留下非常好的第一印象。

小程序开发框架中提供了非常丰富的组件库，这些组件设计美观且使用方便。本章将对小程序中的独立视图组件进行系统的介绍，熟练掌握这些组件的应用可以为开发复杂界面奠定良好的基础。

4.1 基础视图组件

基础视图组件是指使用简单，并且不需要和其他视图组件结合就可以独立使用的一部分组件，这部分组件是组成界面的基础元素。

4.1.1 icon 组件

icon 是小程序组件库中提供的一个创建指定意义小图标的组件。组件库中默认定义了 9 种类型的图标，开发者可以根据需要进行使用，并且可以对其颜色进行自定义。

在测试工程中创建一个新的页面，命名为 icon，创建页面的方法非常简单：首先，在 pages 文件夹下新建一个命名为 icon 的目录，在 icon 目录下右击，选择新建 Page，命名为 icon 即可，创建完成后，开发工具会自动生成 4 个基础文件，并且在 app.json 文件中注册 icon 页面；其次，为了方便测试页面，可以修改开发工具的编译模式，在开发工具的工具栏上选择“添加编译模式”，如图 4-1 所示。

图 4-1 添加编译模式

在弹出的窗口中，将模式名称命名为 icon，启动页面设置为 icon 页面，其他无须修改，单击“确定”保存模式即可，如图 4-2 所示。

图 4-2 自定义编译模式

之后项目将默认以 icon 页面作为启动页，这样可以方便观察与调试。

在 icon.js 文件中加载如下初始化数据：

```
data: {
    types: ["success","success_no_circle", "info", "warn", "waiting", "cancel",
"download", "search", "clear"],
}
```

上面的数据定义了 icon 的所有可用类型，每种类型对应不同样式的图标，在 icon.wxml 文件中编写如下代码：

```
<!--pages/icon/icon.wxml-->
<!--定义外层容器-->
<view class='container'>
  <!--通过类型指定图标进行渲染-->
  <view class='icon' wx:for="{{types}}">
    <icon color='red' size='40' type="{{item}}"></icon>
  </view>
</view>
```

上面的代码根据数据源个数循环创建了一组 icon 图标组件，并将其布局在界面上，icon 组件的 size 属性设置图标的尺寸，color 属性设置图标的颜色，type 属性设置图标的类型，在 icon.wxss 文件中编写如下代码：

```
/*pages/icon/icon.wxss*/
.container {
  display: flex;
  flex-direction: row;
  flex-wrap: wrap;
}
.icon {
  margin: 15rpx;
}
```

运行代码，效果如图 4-3 所示。

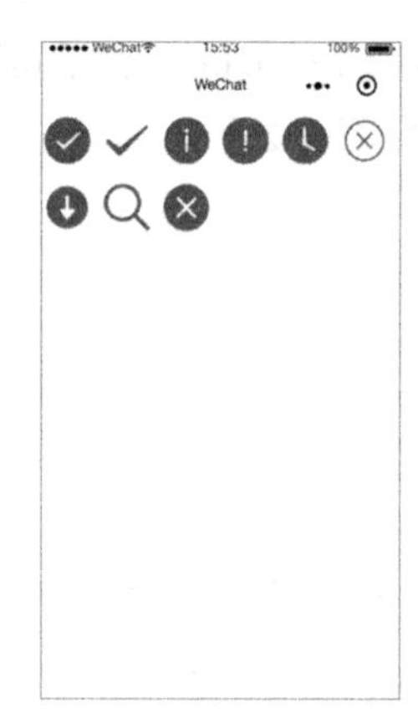

图 4-3　icon 组件的运行展示

4.1.2　text 组件

text 组件的主要作用是展示文本。在测试工程中新建一个 text 页面，在 text.wxml 文件中编写如下代码：

```
<!--pages/text/text.wxml-->
<text  style="color:red;font-size:80rpx;">文本<text  style="color:blue;font-size:100rpx;">文本内文本</text></text>
```

上述代码创建了一段简单的文本视图，效果如图 4-4 所示。

图 4-4　text 组件的运行效果

text 组件中只能够嵌套 text 组件，通过 text 组件嵌套的方式可以在一段文本中设置不同风格的多段文本块。

默认文本组件只能够进行文本的显示，不可以进行交互，但可以添加 selectable 属性使其支持文本选中，选中文本后可以进行复制、查询等操作。

4.1.3　rich-text 组件

前面提及，text 组件中只能嵌套 text 组件，虽然可以通过 text 组件的 style 属性定制文本的展示样式，但是其功能依然有限，如无法在文本中插入图片、超链接等。小程序组件库中还提供了一个专门用来创建富文本的组件：rich-text 组件。

rich-text 组件允许在文本中插入常用的 HTML 节点，包括图片、段落、超链接等。rich-text 组件的使用也非常简单，可以通过定义一组 HTML 节点创建富文本组件。

在测试工程中新建一个 rich-text 页面，在 rich-text.wxml 文件中编写如下代码：

```
<!--pages/rich-text/rich-text.wxml-->
<rich-text nodes="{{nodes}}"></rich-text>
```

上面的代码设置了 rich-text 组件的 nodes 属性，这个属性对应的数据定义在 rich-text.js 文件中：

```
data: {
    //进行节点数据的定义
    nodes:[
      {
        //定义节点的类型
        type:"node",
        //定义节点的名称
        name:"h1",
        //定义节点的属性
        attrs:{
          style:"color: red;"
        },
        children: [{
          type: 'text',
          text: 'HelloWorld!'
        }]
      },
      {
        type:"text",
        text:"Hi"
      }
    ]
},
```

运行代码，效果如图 4-5 所示。

图 4-5　rich-text 组件的运行效果

如上述代码所示，rich-text 组件通过一组节点进行定义，节点由对象描述，节点对象可配置的属性如表 4-1 所示。

表 4-1　节点对象可配置的属性

属　　性	意　　义	值
name	节点名称	HTML 标签名
attrs	节点属性	设置 HTML 标签的属性、对象类型
children	子节点列表	子节点数组
type	设置节点的类型	可选值：node、text。其中，node 为元素节点，text 为文本节点

rich-text 组件支持的 HTML 标签如表 4-2 所示。

表 4-2　rich-text 组件支持的 HTML 标签

标　签　名	解　　释
a	超链接
abbr	简称
b	粗体文本
blockquote	块引用
br	换行
code	代码文本
col	定义表格对齐方式
colgroup	定义表格中组对齐方式
dd	定义列表条目
del	定义文档中删除的文本
div	块元素
dl	定义列表
dt	定义列表中的项目
em	定义文本中强调的内容
fieldset	组合列表
h1、h2、h3、h4、h5、h6	定义各种层级的标题
hr	定义分割线
i	定义斜体文本
img	定义图片
ins	定义新插入的文本
label	为表单定义注释
legend	为 fieldset 组合列表定义标题
li	定义列表项目
ol	定义有序列表
p	定义段落
q	定义短引用
span	定义行内元素
strong	定义文本中的强调内容
sub	定义下标文本
sup	定义上标文本
table	定义表格
tbody	定义表格正文
td	定义表格标准单元格
tfoot	定义表格尾
thead	定义表格头
th	定义表头
tr	定义表格中的行
ul	定义无序列表

4.1.4 progress 组件

progress 组件用来创建进度条视图，其使用非常简单，并且提供了丰富的可定制化的属性，示例代码如下：

```
<!--pages/progress/progress.wxml-->
<progress style='margin:50rpx;'
percent='50'
show-info='{{true}}'
stroke-width='20'>
</progress>
```

运行代码，效果如图 4-6 所示。

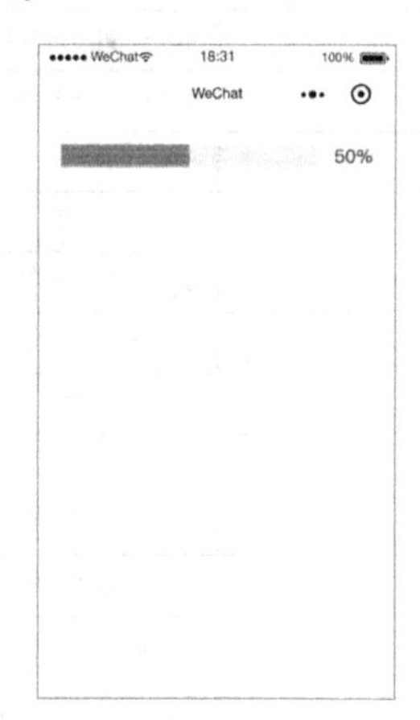

图 4-6 progress 组件的运行效果

progress 组件的常用属性如表 4-3 所示。

表 4-3 progress 组件的常用属性

属 性 名	意 义	值 类 型
percent	设置进度条当前进度百分比	数值，0～100
show-info	设置是否在进度条右侧显示进度百分比信息	布尔值
border-radius	设置进度条圆角，此属性在模拟器上可能会出现异常	数值
font-size	设置百分比文字的字体大小	数值
stroke-width	设置进度条宽度	数值，默认为 6px
activeColor	设置进度条已完成部分的颜色	颜色值
backgroundColor	设置进度条背景色	颜色值
active	设置进度条在渲染时是否展示从左向右的动画	布尔值
bindactiveend	设置动画播放完成后的回调函数	函数

4.1.5　button 组件

button 是小程序组件库提供的一个封装完善的按钮组件，其实，在小程序开发中，并非只有 button 组件才能作为用户交互的按钮，自定义的 view 组件都可以通过绑定用户交互事件的方式接收用户的操作。除提供最基础的交互功能外，button 组件还封装了许多微信官方提供的服务接口，如进行用户登录、进行当前页面的分享等。

在测试工程中新建一个 button 页面，在 button.wxml 文件中编写如下代码：

```
<!--pages/button/button.wxml-->
<button style='margin:30rpx;'
type='warn'
size='default'
plain='{{true}}'
loading='{{true}}'
open-type='share'>
警告按钮
</button>
```

运行代码，效果如图 4-7 所示。

图 4-7　button 组件的运行效果

button 组件的 size 属性用来设置组件的尺寸，可选值有 default 和 mini，default 为默认尺寸的按钮组件，mini 为小尺寸按钮。type 属性设置按钮的风格，风格会影响按钮的渲染颜色：primary 风格的按钮会被渲染为绿色，default 风格的按钮会被渲染为白色，warn 风格的按钮会被渲染为红色。

plain 属性用来设置按钮的背景色是否透明。除了这些属性，button 组件还可配置其他属性，如表 4-4 所示。

表 4-4 button 组件可配置属性列举

属性名	意义	值
disabled	设置按钮是否禁用	布尔值
loading	设置按钮的标题前是否显示加载动画	布尔值
form-type	设置当按钮在 form 表单中时的提交类型	可选值：submit，进行表单提交；reset，进行表单重置
hover-class	设置按钮被按下时的 class 类	字符串
hover-stop-propagation	设置按钮是否阻止父节点显示按下状态	布尔值
hover-start-time	设置按钮按住多久后显示按下状态	数值，单位为 ms
hover-stay-time	设置手指松开后按钮保持多久的按下状态	数值，单位为 ms

表 4-4 列举了 button 组件的基础属性，button 组件更多是用来作为特殊微信服务的入口，如上面的实例代码，当单击页面上的按钮时会弹出分享弹窗，button 组件可以通过设置 open-type 属性使用微信开发功能，open-type 支持的功能如表 4-5 所示。

表 4-5 open-type 支持的功能

open-type 值	意义
contact	打开客服回话
share	触发用户分享
getUserInfo	获取用户信息
getPhoneNumber	获取用户手机号
launchApp	打开 App
openSetting	打开授权设置页
feedback	打开意见反馈页面

调用微信开放功能，通常需要配置 button 组件的属性一起使用，button 组件中与微信开放功能相关的属性如表 4-6 所示。

表 4-6 button 组件中与微信开放功能相关的属性

属性名	意义	值
lang	设置 getUserInfo 功能获取到的用户信息的语言类型	可选：zh_CN，简体中文；zh_TW，繁体中文；en，英文
bindgetuserinfo	设置 getUserInfo 功能获取用户信息后的回调函数，用户信息会通过回调函数传递给开发者	函数
session-from	设置 contact 功能的回话来源	字符串
send-message-title	设置 contact 功能的消息标题	字符串
send-message-path	设置 contact 功能的消息单击跳转路径	字符串
send-message-img	设置 contact 功能的消息图片	字符串
show-message-card	设置 contact 功能是否显示回话内的消息卡片发送提示	布尔值

续表

属 性 名	意　义	值
bindcontact	设置 contact 功能的回调函数	函数
bindgetphonenumber	设置 getPhoneNumber 功能的回调函数	函数
app-parameter	设置 launchApp 功能向 App 传递的参数	字符串
binderror	设置调用开发功能发生错误的回调函数	函数
bindlaunchapp	设置 launchApp 功能成功打开 App 的回调函数	函数
bindopensetting	设置成功打开授权页的回调函数	函数

4.2　用户输入相关组件

用户与程序进行交互的方式主要有两种：通过手势进行交互或通过输入数据进行交互。本节主要介绍小程序开发中常用的用户输入相关组件，如为用户提供选择的选择器组件、进行用户输入的表单组件等。

4.2.1　checkbox 组件

checkbox 组件用来创建复选框，复选框是指一组支持多选的选项列表，示例代码如下：

```
<!--pages/checkbox/checkbox.wxml-->
<checkbox-group style="margin:30rpx" bindchange="change">
  体育运动：
  <checkbox value='1' checked='{{true}}'>足球</checkbox>
  <checkbox value='2' color="red">篮球</checkbox>
  <checkbox value='3'>排球</checkbox>
</checkbox-group>
```

运行代码，效果如图 4-8 所示。

图 4-8　checkbox 组件的运行效果

checkbox组件需要放入check-group组件中使用，check-group组件通过设置bindchange属性指定当用户对组内选项框操作后的回调函数，在回调函数中会将选中的复选框的value属性值传递进来。

checkbox组件的常用属性如表4-7所示。

表4-7　checkbox组件的常用属性

属　性　名	意　　义	值
value	当前选项的值	字符串
disabled	设置当前选项是否禁用	布尔值
checked	设置当前选项是否选中	布尔值
color	设置选中状态的符号颜色	颜色值

4.2.2　radio组件

checkbox组件用来创建可以多选的选项组，radio组件用来创建只能单选的选项组。radio的用法和checkbox基本一致，示例代码如下：

```
<!--pages/radio/radio.wxml-->
<radio-group style="margin:30rpx;">
  性别:
  <radio color="red" style="margin-right:30rpx;">男</radio>
  <radio style="margin-right:30rpx;">女</radio>
  <radio style="margin-right:30rpx;">保密</radio>
</radio-group>
```

运行代码，效果如图4-9所示。

图4-9　radio组件的运行效果

radio组件也需要放入radio-group组件中组合成单选选项组，同一个组中的选项互斥，用户只能选中其中的一项。radio-group也可以绑定bindchange属性设置用户选择的回调函数，回调函数会将用户选中的选项的value值包装在事件对象中传入。

radio组件的常用属性如表4-8所示。

表 4-8　radio 组件的常用属性

属 性 名	意 义	值
value	设置当前选项的值	字符串
checked	设置当前选项是否选中	布尔值
disabled	设置当前选项是否可用	布尔值
color	设置选中颜色	颜色值

4.2.3　input 组件

input 组件是一个原生组件，用来接收用户使用键盘输入的内容，示例代码如下：

```
<!--pages/input/input.wxml-->
<input style='background-color:#fafafa;color:gray;height:45px;'
placeholder='请输入内容'></input>
```

运行代码，效果如图 4-10 所示。

图 4-10　input 组件的运行效果

上述示例代码创建了一个最基本的 input 输入框组件，用户单击输入框后会唤起键盘，操作键盘进行输入框文本的键入，开发者可以绑定多种回调方法接收用户的交互事件。input 组件的常用属性如表 4-9 所示。

表 4-9　input 组件的常用属性

属 性 名	意 义	值
value	设置输入框中的内容	字符串
type	设置输入框的类型，不同的类型会匹配不同的键盘	可选值如下：text，文本输入类型；number，数值输入类型；idcard，身份证输入类型；digit，小数输入类型
password	设置输入框是否为密码模式	布尔值
placeholder	设置输入框无文字时的默认提示文本	字符串
placeholder-style	设置提示文本的风格	字符串
placeholder-class	设置提示文本的类 class 属性	字符串
disabled	设置输入框是否禁用	布尔值

续表

属 性 名	意 义	值
maxlength	设置文本框可输入的最大文本数	数值，默认 140
cursor-spacing	设置光标距离键盘的距离	数值
auto-focus	设置输入框是否自动获取焦点	布尔值
focus	设置输入框是否获得焦点	布尔值
confirm-type	设置键盘上确认按钮的显示标题，只有当 type='text'类型时有效	可选值如下：send，显示发送；search，显示搜索；next，显示下一个；go，显示前往；done：显示完成
confirm-hold	设置点击键盘上的确认按钮后是否保持键盘不收起	布尔值，默认为 false
cursor	指定键盘光标位置	数值
selection-start	设置选中文字的光标起始位置	数值
selection-end	设置选中文字的光标结束位置	数值
adjust-position	设置键盘弹起时页面是否自动上调	布尔值
bindinput	设置键盘输入时的回调函数，输入的内容会传入事件参数中	函数
bindfocus	设置输入框获取焦点时的回调函数	函数
bindblur	设置输入框失去焦点时的回调函数	函数
bindconfirm	设置点击确认按钮后的回调函数	函数

4.2.4 switch 组件

switch 组件用来创建开关视图，其使用非常简单，示例代码如下：

```
<!--pages/switch/switch.wxml-->
开关按钮<switch type='switch' bindchange='change'> </switch>
```

运行代码，效果如图 4-11 所示。

图 4-11 switch 组件的运行效果

switch 组件的常用属性如表 4-10 所示。

表 4-10　switch 组件的常用属性

属　　性	意　　义	值
checked	设置是否开启/选中	布尔值
disabled	设置是否禁用	布尔值
type	设置组件类型	可选值：switch，开关类型；checkbox，选择框类型
bindchange	绑定开关状态变化时的回调函数	函数
color	设置开关颜色	颜色值

4.2.5　label 组件

label 组件是一个辅助组件，用来对 button 组件、checkbox 组件、radio 组件和 switch 组件进行扩展。这 4 个交互组件上面都有介绍，它们的使用虽然简洁，功能也比较强大，但是交互的定制上有一些局限性。例如，若要触发按钮事件，用户必须对 button 组件本身进行交互；若要操作选择框，用户必须直接单击上面列举的选择框组件。

如果想要实现用户交互某个自定义的组建时触发上述组件的交互事件，那么可以使用 label 组件作为上面 4 种组件的标签。示例代码如下：

```
<!--pages/label/label.wxml-->
<view>
<label>
  <checkbox></checkbox>
  <text>选择框包裹在 label 标签内</text>
</label>
</view>
<view>
<label for='radio'>
使用 for 属性关联单选框组件
</label>
<radio id='radio'></radio>
</view>
<view>
<label for='switch'>
 控制开关的图标
 <icon type='warn'></icon>
</label>
<switch id='switch'></switch>
</view>
```

运行代码，效果如图 4-12 所示。

图 4-12　label 组件的运行效果

单击 label 组件可以直接操作 checkbox 组件、radio 组件和 switch 组件，label 组件关联其他交互组件的方式有两种：一种是将要被关联的交互组件放入 label 标签内部，也可以继续添加其他组件；另一种是通过指定 for 属性，for 属性的值用来标记其他交互组件的 id，通过 id 关联其他交互组件对其进行控制。

4.2.6　slider 组件

slider 组件允许用户通过拖曳设置滑块的值，并且提供了丰富的接口对其取值范围、步长、颜色等属性进行设置。示例代码如下：

```
<!--pages/slider/slider.wxml-->
<slider show-value='{{true}}' backgroundColor='red' value='50' activeColor=
'blue' block-color='green'></slider>
```

运行代码，效果如图 4-13 所示。

图 4-13　slider 组件的运行效果

从 UI 展现来看，slider 组件与 progress 组件十分相似，不同的是，slider 组件可交互，用户可以操作其上的滑块进行拖曳。slider 组件的常用属性如表 4-11 所示。

表 4-11　slider 组件的常用属性

属 性 名	意 义	值
min	设置滑块组件最小值	数值，默认为 0
max	设置滑块组件最大值	数值，默认为 100
step	设置滑块组件步长	数值，默认为 1
disabled	设置滑块组件是否禁用	布尔值
value	设置滑块组件的值	数值
activeColor	设置滑块左侧进度条的颜色	颜色值
backgroundColor	设置滑块右侧进度条的颜色	颜色值
block-size	设置滑块的尺寸	数值，默认 28，取值范围为 12～28
block-color	设置滑块的颜色	颜色值
show-value	设置是否显示当前滑块组件的值	布尔值
bindchange	设置滑块组件完成一次交互时的回调函数	函数
bindchanging	设置滑块组件值改变时的回调函数	函数

4.2.7　textarea 组件

input 是小程序开发框架提供的一种文本输入组件，其特点是只允许用户输入单行文本，如果用户输入的文本宽度大于输入框本身的宽度，文字会水平进行滚动，这样的组件适用于输入简要文本的场景。

在实际开发中，很多情况需要用户输入长文本，如在社交类应用程序中用户发布动态、在阅读类应用程序中用户发表文章等，textarea 组件支持用户输入多行文本。

textarea 组件的使用与 input 组件的使用基本一致，示例代码如下：

```
<!--pages/textarea/textarea.wxml-->
<textarea style='background-color:#f1f1f1;padding:0;width:100%' placeholder=
'输入文本'></textarea>
```

运行代码，效果如图 4-14 所示。

图 4-14　textarea 组件的运行效果

需要注意的是，当用户输入的文本过长，超过 textarea 的高度时，textarea 会自动支持垂直滚动。与 input 组件一样，textarea 组件中也有许多可配置的属性，如表 4-12 所示。

表 4-12 textarea 组件的常用属性

属性名	意义	值
value	设置输入框的文本内容	字符串
placeholder	设置输入框内容为空时的提示文本	字符串
placeholder-style	设置提示文本的样式	字符串
placeholder-class	设置提示文本的 class 属性	字符串
disabled	设置输入框是否禁用	布尔值
maxlength	设置允许输入的最大字符数	数值，设置为-1 则不限制文本长度
auto-focus	设置是否自动获取焦点	布尔值
focus	设置是否获取焦点	布尔值
auto-height	设置是否根据文本长度自动适应高度	布尔值
fixed	设置定位方式是否为 fixed	布尔值
cursor-spacing	设置光标与键盘的距离	数值
cursor	设置光标位置	数值
show-confirm-bar	设置键盘是否显示工具栏	布尔值
selection-start	设置光标起始位置	数值
selection-end	设置光标结束位置	数值
adjust-position	设置键盘弹起时是否自动上调页面	布尔值
bindfocus	设置输入框获取焦点的回调函数	函数
bindblur	设置输入框失去焦点的回调函数	函数
bindlinechange	设置输入框行数发生变化的回调函数	函数
bindinput	设置键盘输入时的回调函数	函数
bindconfirm	设置单击键盘确认按钮时的回调函数	函数

4.3 选择器组件

小程序组件库中提供了适合各种场景使用的选择器组件，如时间选择、日期选择、城市选择等，开发者也可以根据实际需求为选择器提供自定义的数据源。

4.3.1 普通选择器

普通选择器用来展示开发者提供的一组简单选项，以性别选择为例，在测试工程中创建一个新的页面，命名为 picker，在 picker.wxml 文件中编写如下代码：

```
<picker mode="selector" value='{{index}}' range='{{data}}' bindchange= 'change'>
选择性别：{{data[index]}}
</picker>
```

picker 就是小程序中的选择器组件，通过 mode 属性设置不同的模式，其中，selector 为普通选择器模式，选择器的属性通过 range 属性设置，在 picker.js 文件的 data 对象中添加如下属性：

```
data: {
    data:["男","女","未知"],
    index:0
}
```

实现绑定的 change()函数如下：

```
change:function(event){
    this.setData({
      index:event.detail.value
    });
}
```

运行上述代码，当单击页面上的文本时，会弹出选择列表。运行代码，效果如图 4-15 所示。

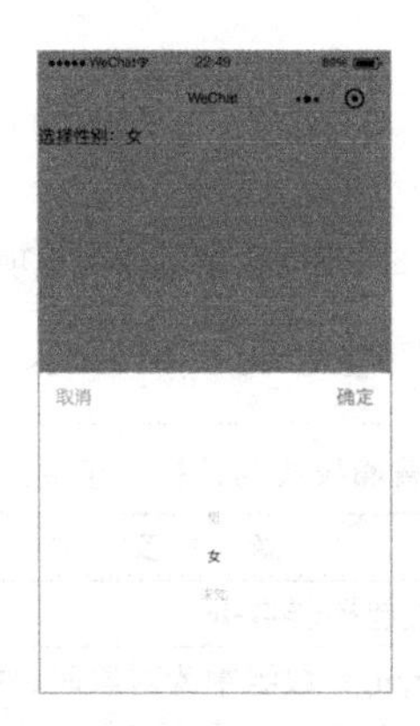

图 4-15　普通选择器的运行效果

从图 4-15 可以看到，选择器中选项的值就是 range 属性指定的数组中字符串的值，如果数组中存放的不是普通字符串，而是对象，也可以指定选择器选择对象的某个属性作为选项进行显示。例如，修改 data 数据的示例代码如下：

```
data: {
    data:["男","女","未知"],
    data2:[{
      key:"boy",
      value:"男"
    },{
       key: "girl",
       value: "女"
    }],
    index:0
},
```

修改 picker.wxml 文件，示例代码如下：

```
<!--pages/picker/picker.wxml-->
<picker mode="selector" value='{{index}}' range='{{data2}}' range-key='key'
bindchange='change'>
选择性别：{{data2[index]["key"]}}
</picker>
```

运行代码，效果如图 4-16 所示。

图 4-16　用对象属性作为选项的值

普通模式的选择器组件的常用属性如表 4-13 所示。

表 4-13　普通模式的选择器组件的常用属性

属　性　名	意　义	值
range	设置选择器数据	数组
range-key	当 range 数组中为对象时，指定对象的某个属性作为选项的值	字符串
value	当前选中的选项下标	数值
bindchange	绑定当选择器值改变时的回调函数	函数
disabled	设置是否禁用	布尔值
bindcancel	设置用户单击了选择器组件上的“取消”按钮后的回调函数	函数

4.3.2　多列选择器

普通选择器只支持单列数据选择，但很多时候需要为用户提供多列选择项目。例如，省份城市选择器，第 1 列需要用户选择省份，第 2 列需要用户选择当前省份下的城市。picker 组件也提供了多列模式，设置 mode 属性为 multiSelector 即可。

在 picker.js 文件中添加一组省市数据和一个数组标记默认选择的省市，示例代码如下：

```
    city:[
        ["省份 1","省份 2"],
        ["城市 1","城市 2"],
      ],
    currentCity:[0,1]
```

多列选择器使用二维数组的方式组织数据，其中，每个数组定义选择器中每列的所有选项，currentCity 用来标记每列的选中位置。在 picker.wxml 文件中添加组件标签，示例代码如下：

```
<picker mode="multiSelector" range='{{city}}' value='{{currentCity}}' bindchange=
'changeCity'>
    地址选择：{{city[0][currentCity[0]]}},{{city[1][currentCity[1]]}}
    </picker>
```

运行代码，效果如图 4-17 所示。

图 4-17　多列选择器的运行效果

多列模式下的选择器组件的常用属性如表 4-14 所示。

表 4-14　多列模式下的选择器组件的常用属性

属　性　名	意　义	值
range	提供数据源	二维数组
range-key	当提供的数据为对象时，指定对象的某个属性作为选项的值	字符串
value	设置组件的值，数组中的每一项表示这一列选中的选项位置	数组
bindchange	设置组件值改变回调的方法	函数
bindcolumnchange	设置某一列的值改变回调的方法	函数
bindcancel	设置当用户单击“取消”按钮后回调的函数	函数
disabled	设置是否禁用组件	布尔值

4.3.3　时间选择器

时间选择器专门为用户提供进行时间的选择，其需要设置 picker 组件的 mode 属性为 time，示例代码如下：

```
<picker mode="time">
时间选择
</picker>
```

运行代码，效果如图 4-18 所示。

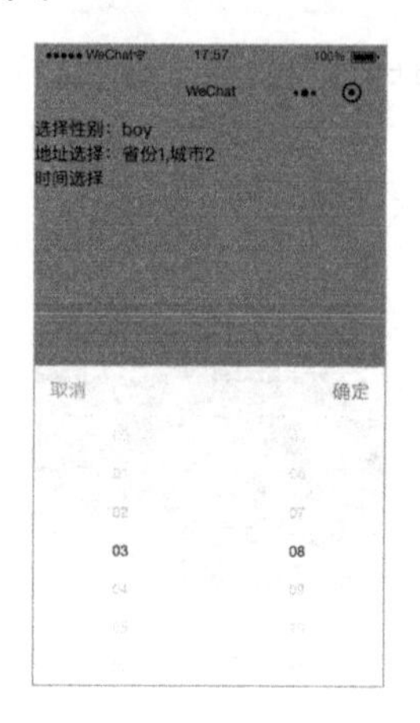

图 4-18　时间选择器的运行效果

时间模式下的选择器组件的常用属性如表 4-15 所示。

表 4-15　时间模式下的选择器组件的常用属性

属　性　名	意　　义	值
value	设置时间，格式为 hh:mm	字符串
start	设置可选择的起始时间，格式为 hh:mm	字符串
end	设置可选择的结束时间，格式为 hh:mm	字符串
bindchange	设置值发生改变时的回调函数	函数
bindcancel	设置用户单击“取消”按钮后的回调函数	函数
disabled	是否禁用组件	布尔值

4.3.4　日期选择器

日期选择器与时间选择器的用法基本一致，为用户提供年、月、日的选择，设置 picker 组件的 mode 属性为 date 即可，示例代码如下：

```
<picker mode="date">
日期选择器
</picker>
```

运行代码，效果如图 4-19 所示。

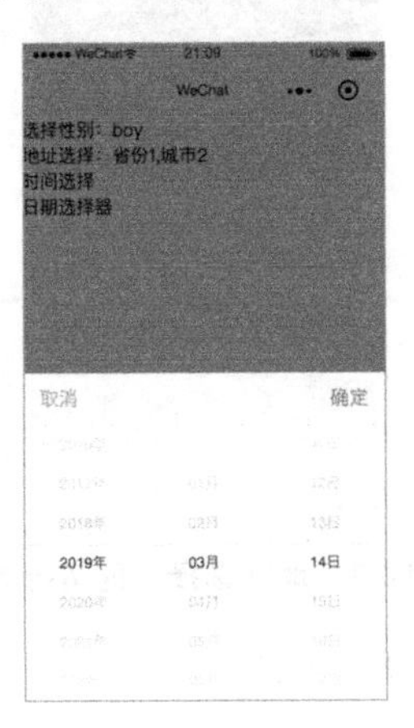

图 4-19　日期选择器的运行效果

日期选择器的常用属性如表 4-16 所示。

表 4-16　日期选择器的常用属性

属　性　名	意　义	值
value	选择器组件的值，格式为 YYYY-MM-DD	字符串
start	设置组件可选择的起始日期，格式为 YYYY-MM-DD	字符串
end	设置组件可选择的结束日期，格式为 YYYY-MM-DD	字符串
fields	设置选择器的粒度	可选值：year，可选年；month，可选年、月；day，可选年、月、日
bindchange	绑定选择器的值改变时的回调函数	函数
bindcancel	绑定用户单击“取消”按钮后的回调函数	函数
disabled	设置组件是否禁用	布尔值

4.3.5　地区选择器

前面已经介绍了多种场景下使用的选择器组件，通过多列选择器可以根据需要定制各种复杂的选择器组件。起始，对于地区选择，小程序也提供了专门的选择器供开发者直接使用，将 mode 属性设置为 region 即可，示例代码如下：

```
<picker mode="region" fields="year">
地区选择
</picker>
```

运行代码，效果如图 4-20 所示。

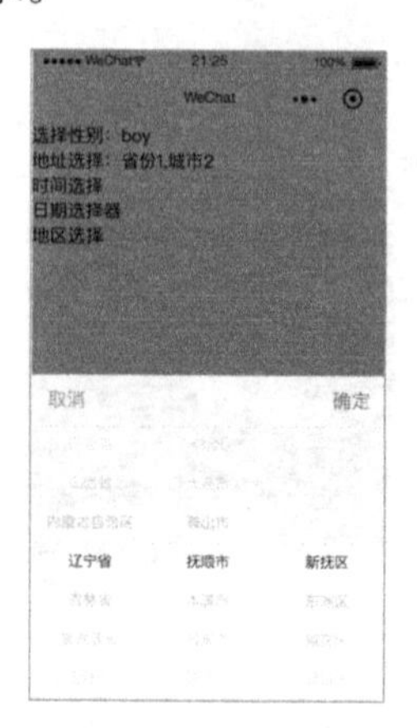

图 4-20　地区选择器的运行效果

地区选择器的常用属性如表 4-17 所示。

表 4-17　地区选择器的常用属性

属　性　名	意　　义	值
value	设置组件的值，数组中需要设置选中的省、市、区字符串	数组
custom-item	为每列的最上面增加一个自定义的选项，如设置为“暂不选择”	字符串
bindchange	设置组件值改变回调的函数	函数
bindcancel	设置用户单击“取消”按钮回调的函数	函数
disabled	设置是否禁用组件	布尔值

4.3.6　选择器视图

通过上面的介绍可知，picker 组件是系统封装好的一个弹窗组件。小程序组件库中也提供了直接定制选择器视图的组件：picker-view。

picker-view 是一个直接显示在页面上的选择器视图，其内只能嵌套 picker-view-column 组件，picker-view-column 用来描述选择器视图中的一列，其内可以放置其他任意组件，也可以使用循环的方式放入一组子组件。示例代码如下：

```
<!--pages/picker-view/picker-view.wxml-->
<picker-view style='height:200rpx;'>
  <picker-view-column>
    <icon type='warn'></icon>
    <view>哈哈</view>
    <view>哈哈哈</view>
  </picker-view-column>
  <picker-view-column>
    <view>你</view>
```

```
    <view>你好</view>
    <view>你好啊</view>
  </picker-view-column>
</picker-view>
```

运行代码，效果如图 4-21 所示。

图 4-21　自定义选择器视图的运行效果

picker-view 组件的常用属性如表 4-18 所示。

表 4-18　picker-view 组件的常用属性

属 性 名	意 义	值
value	选中信息数组，数组中的值为每列选中选项的位置	元素为数值的数组
indicator-style	设置选择器视图选中框的样式	字符串
indicator-class	设置选择器视图选中框的 class 属性	字符串
mask-style	设置图层的样式	字符串
mask-class	设置图层的 class 属性	字符串
bindchange	绑定值改变回调的函数	函数
bindpickstart	绑定选择器开始滚动时回调的函数	函数
bindpickend	绑定选择器结束滚动时回调的函数	函数

第 5 章

高级视图组件

第 4 章通过组合使用小程序开发框架中提供的独立组件进行简单页面的开发。本章主要介绍与界面开发相关的高级组件，包括与界面跳转相关的导航组件，与多媒体相关的音频、图片、视频、相机组件，以及演示如何使用画布组件进行自定义界面的绘制。

本章介绍的大部分组件都将使用原生功能，学习完本章，小程序的界面开发将告一段落，熟练掌握小程序界面开发技术是开发一款优质小程序应用的基础，后面的实战章节将综合使用所学习的各种组件开发更复杂、更有应用价值的界面。

5.1　导航组件

学习导航组件之前，应先明确一个新的概念：导航。导航用来管理应用页面之间的跳转逻辑。在小程序开发中，页面的跳转通常有两种方式：一种是使用导航组件创建导航视图控件，当用户与组件进行交互时触发页面的跳转；另一种方式是使用 JavaScript 调用系统提供的方法，直接进行页面的跳转。

5.1.1　navigator 导航组件

本章继续使用第 4 章创建的测试工程，新建一个 navigator 页面，在其中编写如下测试代码：

```
<!--pages/navigator/navigator.wxml-->
<navigator url='/pages/switch/switch'>
跳转到 switch 界面
</navigator>
```

上述代码在页面上创建了一个导航组件，当用户单击导航组件时，将跳转到另外一个测试界面。其中，url 属性需要设置为要跳转的界面路径。

navigator 组件的常用属性如表 5-1 所示。

表 5-1　navigator 组件的常用属性

属　性　名	意　　义	值
target	设置跳转目标	可选值：self，打开当前小程序中的页面；miniProgram，跳转到其他小程序中的页面
url	设置跳转到当前小程序中的页面路径	字符串
open-type	设置跳转方式，后面会介绍	字符串
delta	设置回退层数	当 open-type 属性设置为 navigateBack 时，这个属性设置要返回的层数
app-id	设置打开其他小程序的小程序 id	字符串，当 target 设置为 miniProgram 时有效
path	设置打开其他小程序的页面路径	字符串
extra-data	设置打开其他小程序传递的参数	对象
version	设置打开其他小程序的小程序版本	可选值：develop，开发版；trial：体验版；release，正式版
bindsuccess	绑定跳转其他小程序成功后的回调函数	函数

续表

属性名	意义	值
bindfail	绑定跳转其他小程序失败后的回调函数	函数
bindcomplete	绑定跳转其他小程序完成后的回调函数	函数

需要注意的是，当 target 为 miniProgram 时设置 extra-data 属性才有效，这时被打开的小程序可以在其 app.js 中的 onLaunch 和 onShow 方法中获取传递的数据。

若要使当前小程序拥有跳转到其他小程序的能力，需要将要跳转的小程序的 AppId 配置到 app.json 配置文件中，在配置列表中添加 navigateToMiniProgramAppIdList 属性，将需要跳转的 AppId 填入此列表中，最多支持配置 10 个外部小程序。

5.1.2 导航跳转方式

导航支持 6 种跳转方式，open-type 属性可配置的值如表 5-2 所示。

表 5-2 open-type 属性可配置的值

值	意义
navigate	通过栈的方式进行跳转，原页面会被保存，可以使用 navigateBack 方式进行返回，小程序的导航栈最多支持 10 层
redirectTo	关闭当前页面，打开新的页面
switchTab	跳转到 tabBar 页面
reLaunch	关闭所有页面，并打开指定页面
navigateBack	关闭当前页面，返回上一层页面
exit	关闭小程序，当 target="miniProgram"时生效

需要注意的是，switchTab 是唯一用来切换标签栏的跳转方式，navigate、redirectTo 等方式都不可以跳转到标签页面。标签页面在 app.json 配置文件中进行配置，使用 tabBar 字段，示例代码如下：

```
"tabBar": {
    "list": [{
      "pagePath":"pages/index/index",
      "text": "index"
    },{
      "pagePath": "pages/switch/switch",
      "text": "switch"
    }]
}
```

在介绍配置文件时已对 tabBar 的配置进行了介绍，小程序可以配置 2～5 个标签页面。本节不再重复介绍。

5.2　多媒体相关组件

小程序中的组件可以为开发者提供多媒体相关服务。例如，使用 image 组件展示图片、使用 audio 组件播放音频、使用 video 组件播放视频等。多媒体组件大多采用原生组件实现，因此会为用户带来极致、流畅的体验。本节将逐一介绍这些多媒体组件的应用。

5.2.1　image 组件

image 组件用来渲染图像，其中也提供了大量缩放与裁剪图片的功能。在测试工程中新建一个命名为 image 的页面，编写如下测试代码：

```
<!--pages/image/image.wxml-->
<image src='./../img.png' mode='aspectFit'></image>
```

需要注意的是，image 组件既可以加载本地图片也可以加载远程图片，src 路径要确保正确，在小程序开发中，建议将图片资源都通过远程的方式进行加载，保证小程序包打包后的尺寸足够小。运行代码，效果如图 5-1 所示。

图 5-1　image 组件的运行效果

image 组件可以通过设置下面列举的两个属性绑定回调事件，从而监听图片加载的过程，如表 5-3 所示。

表 5-3　image 组件绑定事件

属 性 名	意　义	值
binderror	设置图片加载失败后回调的函数	函数
bindload	设置图片加载完成后回调的函数，会将图片的真实尺寸封装到事件对象	函数

image 组件的 mode 属性用来控制图片的缩放与裁剪模式，image 组件的裁剪模式如表 5-4 所示。

表 5-4　image 组件的裁剪模式

值	意　义
scaleToFill	不保持宽高比，将图片缩放到 image 组件尺寸
aspectFit	保持宽高比，保证图片缩小到完全显示
aspectFill	保持宽高比，将图片充满容器，裁剪周围多余尺寸
widthFix	保持宽高比不变，宽度不变，高度自适应
top	不缩放图片，顶部优先显示
bottom	不缩放图片，底部优先显示
center	不缩放图片，图片居中显示
left	不缩放图片，左部优先显示
right	不缩放图片，右部优先显示
top left	不缩放图片，左上部优先显示
top right	不缩放图片，右上部优先显示
bottom left	不缩放图片，左下部优先显示
bottom right	不缩放图片，右下部优先显示

除了上面介绍的属性，image 组件还可以通过设置 lazy-load 属性优化性能，这个属性需要设置一个布尔值，设置为 true 则表示进行懒加载，即当图片组件即将进入屏幕的可视区域后再进行加载，在实际开发中，可以根据具体场景决定是否使用懒加载的方式渲染图片。

5.2.2　audio 组件

audio 组件用来播放音频，通常情况下，audio 组件需要与 AudioContext 对象配合使用。audio 组件提供界面展示与用户交互功能，开发者使用 AudioContext 对象进行音频播放控制。

新建一个命名为 audio 的测试页面，在 audio.wxml 文件中编写如下代码：

```
<!--pages/audio/audio.wxml-->
<view style='width:100%;text-align:center'>
<audio
id='song'  src='http://m10.music.126.net/20190320160357/65fc4358a24f830631904
76462270b36/ymusic/0ded/5c5c/5913/f85afb68ada73be4803e46de121d7163.mp3'
controls='{{true}}'
poster='http://p2.music.126.net/Grlx5yxkVwq7ECx083UsCA==/18688399139134884.
jpg?param=300x300'
name='流行音乐'
author='歌手'></audio>
</view>
```

上述代码在页面中创建了一个 audio 组件，必须对其 id 属性进行设置，在 audio.js 文件的 onLoad 方法中编写如下逻辑代码：

```
onLoad: function (options) {
    var audio = wx.createAudioContext("song");
    audio.play();
}
```

使用 wx.createAudioContext 方法创建一个 audio 上下文 AudioContext 对象，其中，参数为要关联的 audio 组件的 id 值，之后可以使用这个上下文对象对 audio 组件进行操作，如上述示例代码，当页面加载完成后会自动播放音频。

运行代码，效果如图 5-2 所示，并且在页面加载完成后，会开始播放网络音乐。需要注意的是，上面测试代码使用的音频来自互联网，不能保证其一直有效，如果发现音频无法播放，可以尝试将 audio 组件的 src 属性设置为其他可用的音频地址。

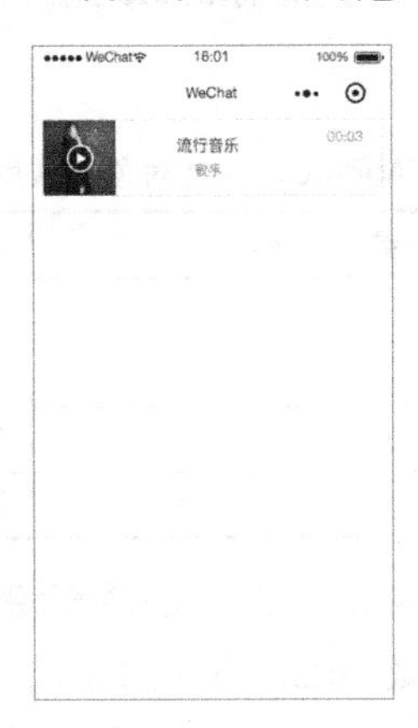

图 5-2　audio 组件的运行效果

audio 组件的常用属性如表 5-5 所示。

表 5-5　audio 组件的常用属性

属 性 名	意 义	值 类 型
id	设置 audio 组件的标识	字符串
src	设置要播放的音频地址	字符串
loop	设置是否循环播放	布尔值
controls	设置是否显示控制器，即页面上的播放器视图	布尔值
poster	设置播放器上的封面图片地址	字符串
name	设置音频名称，会显示在播放器上	字符串
author	设置音频作者，会显示在播放器上	字符串
binderror	设置音频播放发生错误时的回调函数	函数
bindplay	设置当音频开始播放时的回调函数	函数
bindpause	设置当音频暂停播放时的回调函数	函数
bindtimeupdate	设置当播放进度改变时的回调函数，在其事件参数中会封装音频的当前播放时长和总时长	函数
bindended	设置音频播放到末尾时的回调函数	函数

当音频播放发生异常时，组件会回调 binderror 属性设置的函数，其会将错误类型进行传递。音频异常码如表 5-6 所示。

表 5-6　音频异常码

异　常　码	意　　义
1	用户禁止获取资源
2	网络异常
3	解码错误
4	资源异常

AudioContext 对象为开发者提供了控制 audio 组件的接口。AudioContext 对象可调用的方法如表 5-7 所示。

表 5-7　AudioContext 对象可调用的方法

方　法　名	参　　数	意　　义
setSrc	字符串	用来设置音频的地址
play	无	开始播放音频
pause	无	暂停播放音频
seek	数值	设置音频从某个位置开始播放，单位为 s

在实际开发中，音频组件的页面展示部分通常需要完全自定义，这时可以将 audio 的 controls 属性设置为 false，完全隐藏 audio 组件的原始视图，通过使用 AudioContext 对象与自定义组件的交互方法实现完全自定义的音频播放器组件。

5.2.3　video 组件

小程序中提供的 video 组件用于播放视频。与 audio 组件的使用方法类似，video 组件也是用上下文对象控制其播放逻辑。新建一个命名为 video 的页面，在 video.wxml 文件中编写如下测试代码：

```
<!--pages/video/video.wxml-->
<!--创建视频组件-->
<view style='width:100%;text-align:center'>
<video id='video' src='../video.mp4'
controls='{{false}}'
danmu-list='{{msgList}}'
enable-danmu='{{true}}'></video>
</view>
```

上面的示例代码在播放器中增加了显示弹幕的功能，在 video.js 文件中进行弹幕输入的初始化，示例代码如下：

```
data: {
    //定义视频组件渲染所需要的数据
    msgList: [{
```

```
        text:"hahahahahah",
        time:1,
        color:'#ff000'
      }, {
        text: "我是弹幕哦",
        time: 6,
        color: '#00ff00'
      }],
  },
```

在 onLoad 方法中编写如下逻辑代码：

```
onLoad: function (options) {
    //获取视频组件上下文对象
    var video = wx.createVideoContext("video", this);
    //进行视频播放
    video.play();
    //对弹幕进行设置
    video.sendDanmu({
      text:"hello",
      color:"#0000ff"
    });
}
```

运行代码，效果如图 5-3 所示。

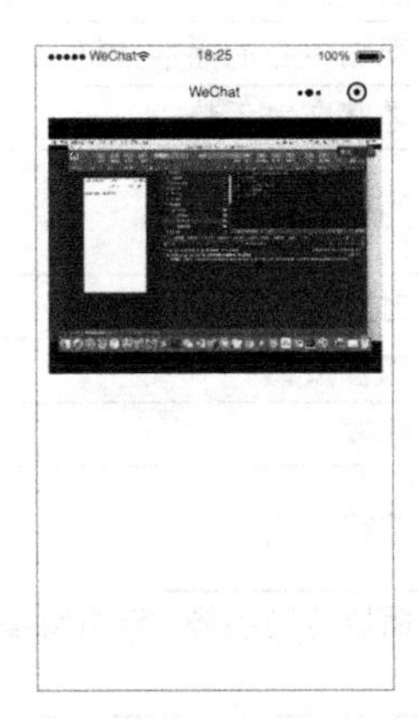

图 5-3　video 组件的运行效果

与 audio 组件相比，video 组件提供了更多的可配置属性，并且集成了播放弹幕的功能。video 组件的常用属性如表 5-8 所示。

表 5-8　video 组件的常用属性

属 性 名	意 义	值
src	设置视频路径	字符串
duration	指定视频时长	数值
controls	是否显示视频控制组件，如播放按钮、暂停按钮、进度条等	布尔值

续表

属 性 名	意 义	值

danmu-list	设置弹幕列表	数组，其中对象为：
		{
		text:弹幕内容
		time:此条弹幕播放的时间
		color:此条弹幕的颜色
		}

danmu-btn	是否显示弹幕按钮，初始化后不能动态改动	布尔值
enable-danmu	是否启用弹幕功能，初始化后不能动态改动	布尔值
autoplay	是否自动播放	布尔值
loop	是否循环播放	布尔值
muted	是否静音播放	布尔值
initial-time	指定视频播放的初始位置	数值，单位为 s
direction	设置全屏时视频的方式	可选值：0，正常竖向；90，逆时针旋转 90°；–90，顺时针旋转 90°
show-progress	是否显示进度条	布尔值
show-fullscreen-btn	是否显示全屏按钮	布尔值
show-play-btn	是否显示播放按钮	布尔值
show-center-play-btn	是否显示视图中心的播放按钮	布尔值
enable-progress-gesture	是否启用进度拖曳手势	布尔值
object-fit	设置视频的填充方式	可选值：contain，包含方式；fill，充满方式；cover，覆盖方式
poster	设置视频封面地址	字符串
show-mute-btn	是否显示静音按钮	布尔值
title	设置视频标题	字符串
play-btn-position	设置播放按钮的位置	可选值：bottom，底部；center，中心
enable-play-gesture	是否启用播放控制手势，双击暂停或播放	布尔值
auto-pause-if-navigate	当跳转到其他小程序页面时，是否自动暂停	布尔值
auto-pause-if-open-native	当跳转到其他微信原生页面时，是否自动暂停	布尔值
vslide-gesture	在非全屏模式下，是否启用亮度和音量调节手势	布尔值
vslide-gesture-in-fullscreen	在全屏模式下，是否启用亮度与音量调节手势	布尔值
bindplay	设置视频开始播放时的回调函数	函数
bindpause	设置视频暂停播放时的回调函数	函数
bindended	设置视频播放结束时的回调函数	函数

续表

属 性 名	意　义	值
bindtimeupdate	设置播放进度改变时的回调函数	函数
bindfullscreenchange	设置全屏模式改变时的回调函数	函数
bindwaiting	设置视频缓冲时的回调函数	函数
binderror	设置播放异常时的回调函数	函数
bindprogress	设置加载进度变化时的回调函数	函数

video 组件支持大部分主流的视频格式，与 audio 组件一样，开发者也可以通过 VideoContext 上下文对象控制 video 组件的行为，VideoContext 对象可调用的方法如表 5-9 所示。

表 5-9　VideoContext 对象可调用的方法

方 法 名	参　数	意　义
play	无	进行视频播放
pause	无	暂停视频播放
stop	无	停止视频播放
seek	数值	设置播放位置

sendDanmu	弹幕对象：
	{
	text:内容
	color:颜色
	}
		立即发送一条弹幕

playbackRate	数值：0.5、0.8、1.9、1.25、1.5	设置播放倍速
requestFullScreen	视频方向：0，正常竖向；90，逆时针旋转 90°；-90，顺时针旋转 90°	进入全屏播放
exitFullScreen	无	退出全屏播放
showStatusBar	无	显示状态栏，只在 iOS 全屏模式下有效
hideStatusBar	无	隐藏状态栏，只在 iOS 全屏模式下有效

5.2.4　camera 组件

camera 组件用来调用设备的相机功能。使用 camera，可以非常方便地实现拍照、拍视频、扫码等定制化的多媒体相关功能。新建一个命名为 camera 的测试页面，编写如下测试代码：

```
<!--pages/camera/camera.wxml-->
<!--定义外层容器-->
<view style='width:100%;height:400rpx;text-align:center'>
<!--定义相机组件-->
<camera style='width:100%;height:80%'></camera>
</view>
```

使用相机功能需要得到用户的授权，因此第一次使用 camera 组件时会弹出授权弹窗，如果用户允许应用程序使用相机，则在页面上可以看到实时的相机画面。camera 组件的常用属性如表 5-10 所示。

表 5-10　camera 组件的常用属性

属性名	意义	值
mode	设置相机模式	可选值：normal，正常录制模式；scanCode，扫码模式
device-position	设置摄像头模式	可选值：front，使用前置摄像头；back，使用后置摄像头
flash	设置是否开启闪光灯	可选值：auto，自动选择；on，开启闪光灯；off，关闭闪光灯
bindstop	设置摄像头非正常退出时回调的函数	函数
binderror	设置用户不允许使用相机时回调的函数	函数
bindscancode	设置扫码成功后回调的函数，当 mode=scanCode 时有效	函数

camera 组件也有对应的上下文对象对其进行控制。需要注意的是，一个页面中最多只允许有一个 camera 组件，因此无须使用 id 再标记其唯一性，示例代码如下：

```
onLoad: function (options) {
    //获取 camera 组件上下文对象
    var camera = wx.createCameraContext(this);
    //进行截图
    camera.takePhoto({
      success:function(res){
        console.log(res);
      }
    });
}
```

wx.createCameraContext 方法用来创建 CameraContext 上下文对象。CameraContext 对象可调用的方法如表 5-11 所示。

表 5-11　CameraContext 对象可调用的方法

方法名	参数	意义

takePhoto	配置对象：
	{
	quality:设置拍摄质量（可选 high、normal、low）
	success:拍摄成功回调的函数，其中会传入图片的临时路径
	fail:拍摄失败回调的函数
	complete:拍摄完成回调的函数
	}
		进行拍照

续表

方 法 名	参 数	意 义

startRecord	配置对象：
	{
	timeoutCallback:设置超时的回调函数
	success:设置视频录制成功的回调函数
	fail:设置视频录制失败的回调函数
	complete:设置视频录制完成的回调函数
	}
		开始拍摄视频

stopRecord	配置对象：
	{
	success:设置视频录制成功的回调函数
	fail:设置视频录制失败的回调函数
	complete:设置视频录制完成的回调函数
	}
		结束拍摄视频

5.2.5　直播相关组件

小程序提供了直播功能的相关组件，使用这些组件，开发者可以非常方便地实现复杂的直播功能。开发者若要使用直播功能，必须符合指定的类目要求。支持使用直播功能的小程序类别包括社交、教育、医疗、金融、汽车、政府主体和工具。

小程序需要先在微信后台通过审核，之后在小程序后台的“开发”→“接口设置”中可以开启直播功能。

为小程序添加直播功能需要使用 live-pusher 与 live-player 两个组件。首先，直播分为录制方与观看方。录制方使用 live-pusher 组件进行视频的录制，将视频流推入直播推流地址；观看方使用 live-player 组件从推流播放地址拉取视频流进行播放。

live-pusher 组件的调用需要获取用户的相机与录音权限，常用属性如表 5-12 所示。

表 5-12　live-pusher 组件的常用属性

属 性 名	意 义	值
url	设置推流地址，支持 flv 和 rtmp 格式	字符串
mode	设置推流模式	可选值：SD，标清；HD，高清；FHD，超清；RTC，实时通话
autopush	开启自动推流	布尔值
muted	设置是否静音	布尔值
enable-camera	是否开启摄像头	布尔值
auto-focus	是否自动聚焦	布尔值
orientation	设置录制方向	可选值：vertical，垂直；horizontal，水平

续表

属　性　名	意　　义	值
beauty	设置美颜程度	数值：0～9
whiteness	设置美白程度	数值：0～9
aspect	设置录制宽高比	可选值：3:4；9:16
min-bitrate	设置最小码率	数值
max-bitrate	设置最大码率	数值
waiting-image	设置推流的等待画面	字符串
waiting-image-hash	设置等待画面的 MD5	字符串
zoom	是否调整聚焦	布尔值
device-position	设置摄像头	可选值：front，前置；back，后置
background-mute	设置进入后台是否静音	布尔值
bindstatechange	设置网络状态发生变化的回调函数，会将状态码封装在 event 对象	函数
bindnetstatus	设置网络状态发生变化的回调函数，会将网络状态封装在 event 对象	函数
binderror	设置发生错误时的回调函数	函数
bindbgmstart	设置背景音乐开始播放时的回调函数	函数
bindbgmprogress	设置背景音乐播放失败的回调函数	函数
bindbgmcomplete	设置背景音乐播放完成的回调函数	函数

错误码的定义如表 5-13 所示。

表 5-13　错误码的定义

错　误　码	意　　义
10001	用户禁止使用摄像头
10002	用户禁止使用录音
10003	背景音加载失败
10004	等待画面加载失败

状态码的定义如表 5-14 所示。

表 5-14　状态码的定义

状　态　码	意　　义
1001	已经连接推流服务器
1002	已经与服务器握手完毕，开始推流
1003	打开摄像头成功
1004	录屏启动成功
1005	推流动态调整分辨率
1006	推流动态调整码率
1007	首帧画面采集完成

续表

状　态　码	意　　义
1008	启动编码器
-1301	打开摄像头失败
-1302	打开麦克风失败
-1303	视频编码失败
-1304	音频编码失败
-1305	不支持的视频分辨率
-1306	不支持的音频采集率
-1307	网络断开
-1308	开始录屏失败
-1309	录屏失败
-1310	录屏被打断
-1311	录制不到音频数据
-1312	横竖屏切换失败
1101	网络状态不佳
1102	网络断开，启动重连
1103	硬编码失败，启动软编码
1104	编码失败
1105	美颜启动失败
1106	美颜加载失败
3002	服务器连接失败
3303	服务器握手失败
3004	服务器主动断开
3005	读写失败

网络状态信息中定义的属性如表 5-15 所示。

表 5-15　网络状态信息中定义的属性

属　性　名	意　　义
videoBitrate	视频编码率
audioBitrate	音频编码率
videoFPS	视频帧率
videoGOP	视频两帧之间的时间间隔
netSpeed	网络速度
netJitter	网络抖动情况
videoWidth	视频画面宽度
videoHeight	视频画面高度

可以通过 wx.createLivePusherContext 方法获取当前页面的 LivePuserContext 上下文对象，使用上下文对象可以对直播推流组件进行控制。LivePuserContext 上下文对象可调用的方法如表 5-16 所示。

表 5-16 LivePuserContext 上下文对象可调用的方法

方 法 名	参 数	意 义

start	{
	success:方法调用成功
	fail:方法调用失败
	complete:方法调用完成
	}
		开始进行推流

stop	{
	success:方法调用成功
	fail:方法调用失败
	complete:方法调用完成
	}
		停止进行推流

pause	{
	success:方法调用成功
	fail:方法调用失败
	complete:方法调用完成
	}
		暂停推流

resume	{
	success:方法调用成功
	fail:方法调用失败
	complete:方法调用完成
	}
		恢复推流

switchCamera	{
	success:方法调用成功
	fail:方法调用失败
	complete:方法调用完成
	}
		切换前后摄像头

playBGM	{
	success:方法调用成功
	fail:方法调用失败
	complete:方法调用完成
	url:背景音乐地址
	}
		播放背景音乐

snapshot	{
	success:方法调用成功
	fail:方法调用失败
	complete:方法调用完成
	url:背景音乐地址
	}
		进行快照

stopBGM	{
	success:方法调用成功
	fail:方法调用失败
	complete:方法调用完成
	url:背景音乐地址
	}
		停止背景音乐

续表

方 法 名	参　数	意　义

pauseBGM	{
	success:方法调用成功
	fail:方法调用失败
	complete:方法调用完成
	url:背景音乐地址
	}
		暂停背景音乐

resumeBGM	{
	success:方法调用成功
	fail:方法调用失败
	complete:方法调用完成
	url:背景音乐地址
	}
		恢复背景音乐

setBGMVolume	{
	success:方法调用成功
	fail:方法调用失败
	complete:方法调用完成
	volume:设置音量为 0～1
	}
		设置背景音乐的音量

live-player 组件用来从直播流地址加载直播视频，其与 video 组件的使用方式基本一致。live-player 组件的常用属性如表 5-17 所示。

表 5-17　live-player 组件的常用属性

属 性 名	意　义	值
src	设置直播播放地址	字符串
mode	设置模式	可选值：Live，直播；RTC，实时语音
autoplay	是否自动播放	布尔值
muted	设置是否静音	布尔值
orientation	设置播放方向	可选值：vertical，垂直；horizonal，水平
object-fit	设置填充模式	可选值：contain，包含；fillCrop：充满
background-mute	设置进入后台时是否静音	布尔值
min-cache	设置最小缓冲区	数值
max-cache	设置最大缓冲区	数值
sound-mode	设置音频输出模式	可选值：speaker，扬声器；ear，听筒
auto-pause-if-navigate	设置跳转到当前小程序其他页面时是否静音	布尔值
auto-pause-if-open-native	设置跳转到其他原生页面时是否静音	布尔值
bindstatechange	设置播放状态变化时的回调函数	函数
bindfullscreenchange	设置全屏模式发生变化时的回调函数	函数
bindnetstatus	设置网络状态发生变化时的回调函数	函数

使用 wx.createLivePlayerContext 方法创建当前页面的 LivePlayerContext 上下文对象。LivePlayerContext 上下文对象可调用的方法如表 5-18 所示。

表 5-18　LivePlayerContext 上下文对象可调用的方法

方　法　名	参　　数	意　　义

stop	{
	success:方法调用成功
	fail:方法调用失败
	complete:方法调用完成
	}
		停止播放

mute	{
	success:方法调用成功
	fail:方法调用失败
	complete:方法调用完成
	}
		静音播放

pause	{
	success:方法调用成功
	fail:方法调用失败
	complete:方法调用完成
	}
		暂停播放

resume	{
	success:方法调用成功
	fail:方法调用失败
	complete:方法调用完成
	}
		回复播放

requestFullScreen	{
	success:方法调用成功
	fail:方法调用失败
	complete:方法调用完成
	direction:设置全屏方向
	}
		进入全屏模式

exitFullScreen	{
	success:方法调用成功
	fail:方法调用失败
	complete:方法调用完成
	}
		退出全屏模式

关于直播的后台开发比较复杂，若需要快速开发一款直播小程序，可以选择第三方的直播后台服务，如使用腾讯云直播。可以在如下地址登录腾讯云后台：

https://cloud.tencent.com/

使用微信登录后，开通云直播服务（首先需要进行实名认证），在云直播服务管理后台，选择其中的辅助工具可以进行推流域名与播放域名的配置，如图 5-4 所示。

图 5-4　进行直播服务域名配置

域名配置完成后，将生成的推流地址和播放地址配置在小程序的相关组件中即可实现直播功能。

5.3　地图组件

很多应用程序都需要使用地图服务，小程序组件库中提供的地图组件拥有丰富的定制化接口，所以在小程序中使用地图组件非常方便。

5.3.1　map 组件的应用

map 组件允许开发者通过经度和纬度将其对应位置的地图渲染到页面中，并且可以根据需要在地图上添加标记点、线路、多边形等。

在测试工程中新建一个命名为 map 的页面，在 map.wxml 文件中编写如下代码：

```
<!--pages/map/map.wxml-->
<view style='width:100%;height:400rpx;text-align:center'>
<map style='width:100%' longitude='106' latitude='37' scale='6' markers='{{marks}}' polyline='{{polyline}}'></map>
</view>
```

在上面的测试代码中，markers 属性用来设置地图上的标记点，polyline 属性用来在地图上添加线条。在 map.js 中定义数据，示例代码如下：

```
data: {
  //定义地图的标记点
  marks:[
    {
      id:1,
      latitude:37,
      longitude:106,
      title:"我是标记点",
      callout:{
        content:"内容",
        color:"#ff0000",
      },
      label:{
        content:"标签文本",
        color:"#00ff00"
      }
    }
  ],
  polyline:[{
    points:[{
      latitude:37,
      longitude:105
    },{
        latitude: 37,
        longitude: 106
    }],
    color:"#0000ff",
   width:3,
   }],
}
```

map 组件的常用属性如表 5-19 所示。

表 5-19　map 组件的常用属性

属　性　名	意　　义	值
longitude	设置中心经度	数值
latitude	设置中心纬度	数值
scale	设置地图缩放级别，默认 16	数值，5～18
markers	设置地图上的标记点	数组
polyline	向地图上添加线路	数组
polygons	向地图上添加多边形	数组
circles	向地图上添加圆形	数组
include-points	缩放地图，让指定的标记点显示在视野内	数组
show-location	是否标记当前定位的位置	布尔值
subkey	个性化地图的 key	字符串
enable-3D	是否显示 3D 建筑模型	布尔值
show-compass	是否显示指南针	布尔值

续表

属　性　名	意　　义	值
enable-overlooking	是否开启俯视	布尔值
enable-zoom	设置是否支持缩放	布尔值
enable-scroll	设置是否支持拖动	布尔值
enable-rotate	设置是否支持旋转	布尔值
bindmarkertap	设置单击标记点时触发的回调函数，传入的参数中会封装标记点的 id 值	函数
bindcallouttap	设置单击气泡时触发的回调函数，传入的参数中会封装标记点的 id 值	函数
bindregionchange	设置视野发生变化时的回调函数	函数
bindtap	设置单击地图时触发的回调函数	函数
bindupdated	设置地图渲染完成时的回调函数	函数

注意：

地图组件是原生组件，如果要向其上添加自定义的视图，需要使用 cover-view 组件进行封装。

5.3.2　向地图上添加标记点

map 组件的 markers 属性用来配置地图中的标记点，标记点在实际地图应用中非常重要，如标记附近餐厅的位置、进行用户目的地的标记等。markers 属性需要设置为一个数组，数组中存放标记对象。map 组件中标记点可配置的属性如表 5-20 所示。

表 5-20　map 组件中标记点可配置的属性

属　性　名	意　　义	值
id	设置标记点的 id 值	数值
latitude	设置标记点的纬度	数值
longitude	设置标记点的经度	数值
title	设置标记点的名称	字符串
zIndex	设置标记点的层级	数值
iconPath	设置标记点显示的图标	字符串
rotate	设置旋转角度	数值
alpha	设置透明度	数值
width	设置图标宽度	数值
height	设置图标高度	数值
callout	设置自定义标记上的气泡弹窗	对象
label	设置自定义标记旁边的标签组件	对象

anchor	设置锚点，标记视图在指定经度和纬度的定位位置	{
		x:0～1，确定锚点水平位置
		y:0～1，确定锚点垂直位置
		}

标记点对象的 callout 属性用来设置当用户单击标记点后弹出的附加窗口，该对象可配置属性如表 5-21 所示。

表 5-21　关于标记点 callout 窗口的可配置属性

属　性　名	意　　义	值
content	设置弹窗上的文本	字符串
color	设置文本颜色	颜色值
fontSize	设置文字大小	数值
borderRadius	设置边框圆角	数值
borderWidth	设置边框宽度	数值
borderColor	设置边框颜色	颜色值
bgColor	设置背景色	颜色值
padding	设置文本与组件的内边距	数值
display	设置显示模式	可选值：BYCLICK，用户单击显示；ALWAYS，始终显示
textAlign	设置文本对齐模式	可选值：left，左对齐；right，右对齐；center，居中对齐

标记对象的 label 属性用来设置标记旁边附加文本视图。标记 label 的相关属性如表 5-22 所示。

表 5-22　标记 label 的相关属性

属　性　名	意　　义	值
content	设置内容文本	字符串
color	设置文本颜色	颜色值
fontSize	设置文字大小	数值
anchorX	设置附加视图相对标记的横坐标	数值
anchorY	设置附加视图相对标记的纵坐标	数值
borderColor	设置边框颜色	颜色值
padding	设置内边距	数值
textAlign	设置文本对齐方式	可选值：left，左对齐；right，右对齐；center，居中对齐

5.3.3　向地图上添加线段

前面的示例代码使用 polyline 属性向地图上添加线段，polyline 属性需要设置为一个数组，数组中存放 line 对象，每个 line 对象描述一组线段。line 对象可配置属性如表 5-23 所示。

表 5-23　line 对象可配置属性

属 性 名	意 义	值

points	定义线段，数组中定义多组经度和纬度，以此连接这些点来定义线段	数组，其中对象为：
		{
		latitude:纬度
		longitude:经度
		}

color	设置线段颜色	颜色值
width	设置线段宽度	数值
dottedLine	设置线段是否为虚线	布尔值
arrowLine	设置线段是否带箭头	布尔值
arrowIconPath	设置线段箭头的图标，当 arrowLine 属性为 true 时有效	布尔值
borderColor	设置边框颜色	颜色值
borderWidth	设置边框宽度	颜色值

5.3.4　向地图上添加闭合多边形

map 组件也支持在地图上添加多边形覆盖物。例如，有时需要在地图上标注某个区域，这时就可以设置 map 组件的 polygons 属性，这个属性需要设置为一个数组对象，数组中存放定义多边形的图形对象，示例代码如下：

```
polygons:[
    {
     //配置线段端点
     points:[{
       latitude: 37,
       longitude: 109
     },{
        latitude: 38,
        longitude: 109
     },{
          latitude: 36,
          longitude: 106
     }],
     //配置线段宽度
     strokeWidth:3,
     //配置闭合图形的填充颜色
     fillColor:'#ff0000',
     //配置线条颜色
     strokeColor:'#00ff00'
    }
 ]
```

多边形对象可配置的属性如表 5-24 所示。

表 5-24　多边形对象可配置的属性

属　性　名	意　　义	值

points	定义围成多边形的坐标点	数组，其中对象为：
		{
		latitude:纬度
		longitude:经度
		}

strokeWidth	设置线的宽度	数值
strokeColor	设置线的颜色	颜色值
fillColor	设置多边形的填充颜色	颜色值
zIndex	设置图形层级	数值

5.3.5　向地图上添加圆形

map 组件的 circles 属性用来向地图上添加圆形，示例代码如下：

```
circles:[
    {
      //设置纬度
      latitude:36,
      //设置经度
      longitude:107,
      //设置线条颜色
      color:'#ff0000',
      //设置填充颜色
      fillColor:'#00ff00',
      //设置半径
      radius:100000,
      //设置线宽
      strokeWidth:1
    }
  ]
```

圆形对象可配置的属性如表 5-25 所示。

表 5-25　圆形对象可配置的属性

属　性　名	意　　义	值
latitude	设置圆心纬度	数值
longitude	设置圆心经度	数值
color	设置线条颜色	颜色值
fillColor	设置填充颜色	颜色值
radius	设置半径	数值，单位为 m
strokeWidth	设置线条宽度	数值

5.3.6　MapContext 对象

通过调用 wx.createMapContext 方法可以获取当前页面中地图组件的上下文对象，由于在同一个界面中可能同时存在多个地图组件，所以 wx.createMapContext 方法需要传入 map 组件的 id 值作为参数。

MapContext 对象可调用的方法如表 5-26 所示。

表 5-26　MapContext 对象可调用的方法

方法名	参数	意义

getCenterLocation	{
	success:设置接口调用成功的回调函数
	fail:设置接口调用失败的回调函数
	complete:设置接口调用完成的回调函数
	}
		获取当前地图中心的经度和纬度，在成功的回调函数中会将经度和纬度信息传入

getRegion	{
	success:设置接口调用成功的回调函数
	fail:设置接口调用失败的回调函数
	complete:设置接口调用完成的回调函数
	}
		获取当前地图的视野范围，成功的回调函数中会将地图东北角与西南角的经度和纬度坐标传入

getScale	{
	success:设置接口调用成功的回调函数
	fail:设置接口调用失败的回调函数
	complete:设置接口调用完成的回调函数
	}
		获取地图的缩放级别

includePoints	{
	points:标记经度和纬度坐标组
	padding:设置缩放后地图与标记区域的上、右、下、左边距
	success:设置接口调用成功的回调函数
	fail:设置接口调用失败的回调函数
	complete:设置接口调用完成的回调函数
	}
		缩放地图展示地图上所有的标记点

moveToLocation	无	将地图移动到当前定位的位置

translateMarker	{
	markerId:要移动的标记点 id
	destination:移动到的目标位置，经纬度对象
	autoRotate:设置是否自动旋转，布尔值
	rotate:设置旋转角度
	duration:设置动画时长
	animationEnd:设置动画结束后的回调函数
	success:设置接口调用成功的回调函数
	fail:设置接口调用失败的回调函数
	complete:设置接口调用完成的回调函数
	}
		对某个标记点进行平移

5.4 canvas 组件

在小程序开发中，我们可以使用 canvas 组件进行自定义图像的绘制。虽然小程序组件库提供了非常丰富的组件供开发者使用，但为了实现一些样式复杂的自定义组件，我们需要自己对组件的展现效果进行绘制，canvas 组件就为开发者提供了一组绘制图像的接口。

5.4.1 使用 canvas 组件

在测试工程中创建一个命名为 canvas 的页面，在 canvas.wxml 文件中编写如下代码：

```
<!--pages/canvas/canvas.wxml-->
<canvas canvas-id='canvas' style="width: 100%; height: 400px;"></canvas>
```

上述代码创建了一个宽度充满页面，高度为 400px 的 canvas 组件，canvas 组件也被称为画布组件，有了画布，我们需要通过 CanvasContext 上下文对象在画布上绘制图像，示例代码如下：

```
onLoad: function (options) {
    //获取画布上下文对象
    var context = wx.createCanvasContext("canvas", this);
    //设置填充颜色
    context.fillStyle = '#ff0000';
    //设置要绘制的图形
    context.fillRect(0,0,100,100);
    //进行绘制
    context.draw();
}
```

运行上述代码会在页面上绘制宽和高均为 100px 的矩形，如图 5-5 所示。

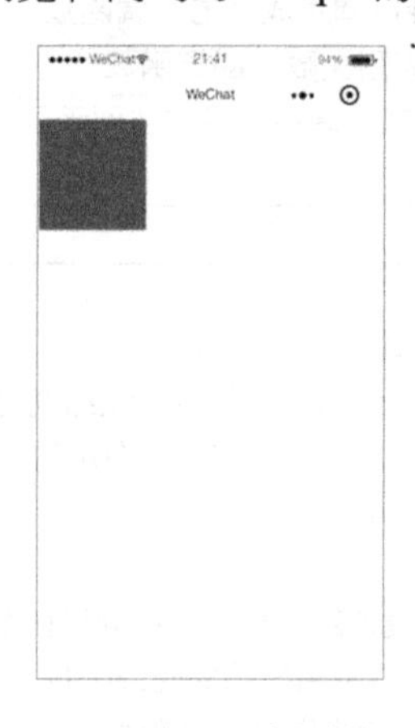

图 5-5 canvas 绘制的矩形

关于 CanvasContext 上下文对象的应用，后面会专门介绍。CanvasContext 上下文对象可配置的属性如表 5-27 所示。

表 5-27　CanvasContext 上下文对象可配置的属性

属性名	意义	值
canvas-id	设置标识符，用来获取 CanvasContext 对象	字符串
disable-scroll	当手指在 canvas 组件内移动，并且 canvas 组件绑定了用户事件时，是否禁止页面滚动	布尔值
bindtouchstart	设置手指触摸开始时的回调函数	函数
bindtouchmove	设置手指移动时的回调函数	函数
bindtouchend	设置手指触摸结束时的回调函数	函数
bindtouchcancel	设置手指触摸动作取消时的回调函数	函数
bindlongtap	设置手指长按触发时的回调函数	函数
binderror	设置发生错误时的回调函数	函数

5.4.2　CanvasContext 上下文对象详解

canvas 组件的核心是通过 CanvasContext 上下文对象进行自定义图像的绘制，CanvasContext 上下文对象中提供了一组属性用来对绘制的画笔进行配置，如表 5-28 所示。

表 5-28　CanvasContext 上下文对象可调用方法

属性名	意义	值
fillStyle	设置填充颜色	颜色值
strokeStyle	设置边框颜色	颜色值
shadowOffsetX	设置图形阴影在水平方向的偏移量	数值
shadowOffsetY	设置图形阴影在垂直方向的偏移量	数值
shadowColor	设置阴影颜色	颜色值
shadowBlur	设置阴影的模糊级别	数值为 0～100
lineWidth	设置线条宽度	数值
lineCap	设置线条端点样式	可选值：butt，平直；round，圆形；square，正方形
lineJoin	设置线条的交点样式	可选值：bevel，斜角；round，圆角；miter，尖角
lineDashOffset	设置虚线偏移量	数值
font	设置字体	CSS 规范的字体字符串
globalAlpha	设置画笔透明度	数值为 0～1

除了可以通过表 5-28 列举的属性对画笔进行配置，还可以调用表 5-29 中列举的方法进行设置。

表 5-29　画笔可配置属性

方 法 名	参　　数	意　　义
setFillStyle	颜色值	设置填充颜色
setStrokeStyle	颜色值	设置边框颜色
setShadow	offsetX：水平偏移量 offsetY：垂直偏移量 blur：设置模糊级别 color：阴影颜色	设置阴影
setGlobalAlpha	数值为 0～1	设置透明度
setLineWidth	数值	设置线宽
setLineJoin	字符串	设置线交叉点样式
setLineCap	字符串	设置线端点样式
setFontSize	数值	设置文字字号
setTextAlign	可选值：left，左对齐；right，右对齐；center，居中对齐	设置文字对齐方式
setTextBaseline	可选值：top，上对齐；bottom，下对齐；middle，居中对齐；normal，默认值	设置文字垂直对齐方式

进行了上面的配置后，我们就可以使用 CanvasContext 上下文对象的相关方法进行图形的定义和绘制，表 5-30 列举了定义图形的方法。

表 5-30　定义图形的方法

方 法 名	参　　数	意　　义
beginPath	无	开始创建路径，调用其他绘制方法前需要先调用这个方法
moveTo	x：横坐标 y：纵坐标	把路径移动到画布中的某个点
lineTo	x：横坐标 y：纵坐标	将路径从当前点连接到指定点，定义一条线段
quadraticCurveTo	cpx：控制点横坐标 cpy：控制点纵坐标 x：结束点横坐标 y：结束点纵坐标	以路径当前点作为起点，定义一条二次贝塞尔曲线
bezierCurveTo	cpx1：控制点 1 横坐标 cpy1：控制点 1 纵坐标 cpx2：控制点 2 横坐标 cpy2：控制点 2 纵坐标 x：结束点横坐标 y：结束点纵坐标	以路径当前点作为起点，定义一条三次贝塞尔曲线

续表

方 法 名	参　　数	意　　义
arc	x：圆心横坐标 y：圆心纵坐标 r：半径 sAngle：起始弧度值 eAbgle：终止弧度值 counterclockwise：是否逆时针绘制	定义圆弧
rect	x：矩形左上角横坐标 y：矩形左上角纵坐标 width：矩形宽度 height：矩形高度	定义矩形
arcTo	x1：控制点 1 横坐标 y1：控制点 1 纵坐标 x2：控制点 2 横坐标 y2：控制点 2 纵坐标 radius：半径	定义圆弧
closePath	无	进行路径的关闭，之后可以进行绘制

表 5-30 列举的方法全部用来进行图形的定义，定义完图形后，需要调用填充的方法将图形填充颜色。关于绘制定义的相关方法如表 5-31 所示。

表 5-31　关于绘制定义的相关方法

方 法 名	参　　数	意　　义
fill	无	对定义的路径图片进行颜色填充
stroke	无	对定义的路径进行颜色描边
fillText	text：要填充的文本 x：左上角横坐标 y：左上角纵坐标 maxWidth：最大文本宽度	填充文本
strokeText	text：要描边的文本 x：左上角横坐标 y：左上角纵坐标 maxWidth：最大文本宽度	描边文本
fillRect	x：左上角横坐标 y：左上角纵坐标 width：宽度 height：高度	直接进行矩形填充
strokeRect	x：左上角横坐标 y：左上角纵坐标 width：宽度 height：高度	直接进行矩形描边
clear	x：左上角横坐标 y：左上角纵坐标 width：宽度 height：高度	清除某个矩形区域内的填充内容

最后，调用表 5-32 所示的方法进行绘制。

表 5-32　进行绘制的方法

方　法　名	参　　数	意　　义
draw	reserve：是否逆向绘制 callback：绘制完成后的回调函数	进行图形绘制
drawImage	imageResource：图像资源 sx：截取原图的左上角横坐标 sy：截取原图的左上角纵坐标 swidth：截取原图的宽度 sheight：截取原图的高度 dx：绘制的左上角横坐标 dy：绘制的左上角纵坐标 dwidth：绘制的宽度 dheight：绘制的高度	进行图像绘制

示例代码如下：

```
onLoad: function (options) {
  //获取画布上下文对象
  var context = wx.createCanvasContext("canvas", this);
  //设置填充颜色
  context.fillStyle = '#ff0000';
  //设置填充图形
  context.fillRect(0,0,100,100);
  //设置绘制文字的字体大小
  context.setFontSize(20);
  //设置线条风格
  context.setStrokeStyle("#00ff00");
  //设置要填充绘制的文字
  context.fillText("Hello",100,20,200);
  //设置要描边绘制的文字
  context.strokeText("World",100,100,200);
  //定义绘制的图形
  context.arc(200,200,100,3.14,0,0);
  //设置填充颜色
  context.fill();
  //进行绘制
  context.draw();
}
```

运行代码，效果如图 5-6 所示。

图 5-6　图形绘制

CanvasContext 上下文对象中还有一些其他的方法可以用来定义渐变图形，如表 5-33 所示。

表 5-33　CanvasContext 上下文对象创建渐变效果的方法

方　法　名	参　　数	意　　义
createLinearGradient	x0：起点横坐标 y0：起点纵坐标 x1：终点横坐标 y1：终点纵坐标	创建线性渐变，会返回一个 CanvasGradient 渐变配置对象，需要对其进行配置
createCircularGradient	x：圆心横坐标 y：圆心纵坐标 r：半径	创建圆形渐变，会返回一个 CanvasGradient 渐变配置对象，需要对其进行配置

CanvasGradient 对象需要调用 addColorStop 方法设置其渐变位置与颜色，如表 5-34 所示。

表 5-34　CanvasGradient 对象可调用方法

方　法　名	参　　数	意　　义
addColorStop	stop：设置渐变结束位置 color：设置颜色	进行渐变逐级配置

渐变的示例代码如下：

```
//获取画布上下文对象
var context = wx.createCanvasContext("canvas", this);
//创建线性渐变
var gradient = context.createLinearGradient(50,0,50,100);
//创建圆形渐变
var gradient2 = context.createCircularGradient(150,150,50);
//设置渐变的各个节点及渐变颜色
gradient.addColorStop(0.3,'red');
gradient.addColorStop(0.6,'green');
gradient.addColorStop(1.0,'blue');
```

```
gradient2.addColorStop(0.3, 'red');
gradient2.addColorStop(0.6, 'green');
gradient2.addColorStop(1.0, 'blue');
//设置填充风格线性渐变
context.setFillStyle(gradient);
//设置填充图形
context.fillRect(0,0,100,100);
//设置填充风格圆形渐变
context.setFillStyle(gradient2);
//设置填充图形
context.fillRect(100,100,100,100);
//进行绘制
context.draw();
```

运行代码，效果如图 5-7 所示。

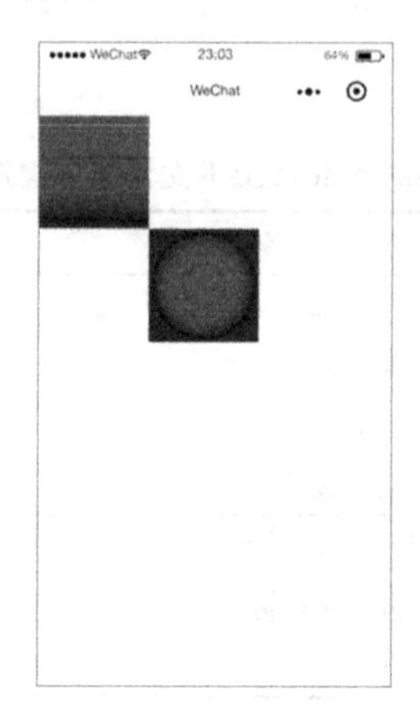

图 5-7　进行渐变绘制

CanvasContext 上下文对象中表 5-35 所示的方法可以对坐标系进行变换，调用这些方法之后绘制的图形都将以新的坐标系为标准。

表 5-35　CanvasContext 上下文对象进行转换的相关方法

方 法 名	参 数	意 义
scale	x：横坐标缩放比例 y：纵坐标缩放比例	进行坐标系缩放
route	rotate：旋转弧度	进行坐标系旋转
translate	x：横坐标平移 y：纵坐标平移	进行坐标系平移

第 6 章

自定义组件

第 3 章至第 5 章介绍了小程序组件库中常用的组件。界面开发实际上就是将各种组件进行组合和封装。无论多么复杂的界面，在开发前，都可以根据布局结构将其分为多个部分，然后将每个部分单独进行开发，最后整合在一起就组成了完整的界面。

本章将介绍在小程序开发中更加高级的部分：自定义组件。自定义组件是小程序开发中非常重要的一种技能，虽然小程序组件库提供了丰富的组件可供直接使用，但是对每一款产品来说，无论是界面上还是功能上，一定都有其独特性，有时候我们需要开发定制化的功能组件或定制化的页面，这时就可以使用自定义组件技术编写符合产品需求的组件。

6.1 创建自定义组件

微信开发者工具功能强大，对小程序开发者十分友好，并且提供了创建自定义组件模板的快捷方式。第 2 章介绍 WXML 基础知识时曾提及使用模板封装组件的方式。使用 template 标签或 import 语句可以将其他文件的组件导入当前文件中，但是 WXML 模板与自定义组件具有本质区别，自定义组件创建了一个新的组件，拥有更好的封装性，在设计上也更加面向对象。

6.1.1 创建自定义组件模板

首先，在测试工程中新建一个命名为 components 的文件夹，创建的自定义组件可以统一放入这个文件夹中。在 components 文件夹下新建一个命名为 custom-button 的文件夹，用来存放测试的自定义组件，在 custom-button 文件夹下右击，在弹出菜单中选择“新建 Component”，如图 6-1 所示。

将创建的自定义组件也命名为 custom-button，此时，工程目录结构如图 6-2 所示。

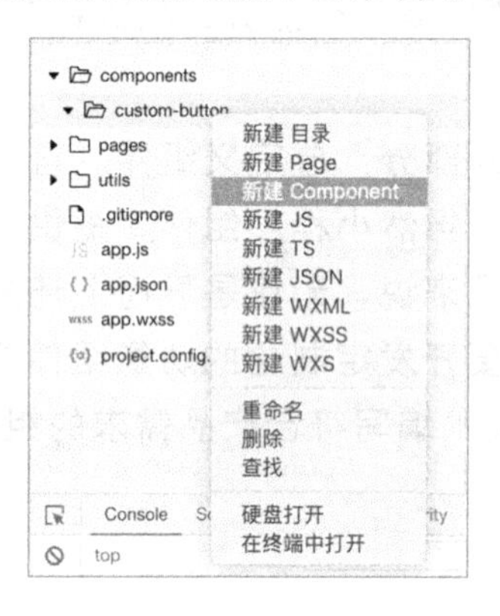

图 6-1　新建 Component 模板

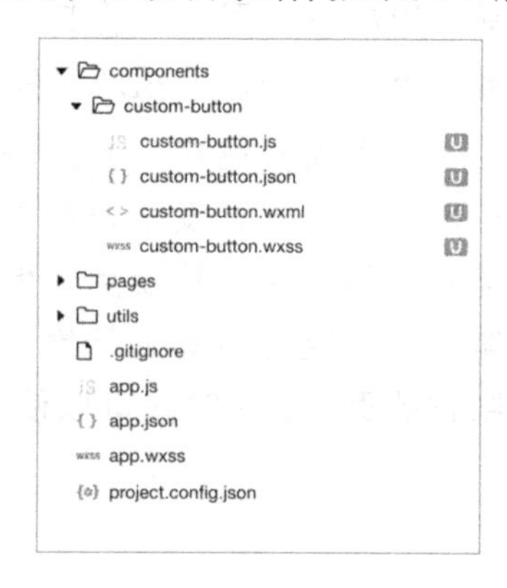

图 6-2　工程目录结构

从图 6-2 中可以看出，自定义组件的文件结构和页面非常相似，也是由 JS 文件、JSON 文件、WXML 文件和 WXSS 文件组成的。

其中，JS 文件用来编写组件构造器，在其中定义组件的数据、方法等；JSON 文件用来对组件进行配置，可以再次引用其他自定义组件；WXML 文件用来定义自定义组件的 UI 结构；WXSS 文件用来编写自定义组件的样式表。下面通过一个简单的示例演示自定义组件的使用流程。

首先，在 custom-button.wxml 文件中编写如下代码：

```
<!--components/custom-button/custom-button.wxml-->
<!--按钮边框-->
<view class='border' bindtap='tap'>
<!--按钮图标-->
<icon size='25' type='info' color='white'></icon>
<!--按钮文本-->
<text>查看详情</text>
</view>
```

上述代码定义了自定义组件的布局结构，由一个图标和一个按钮组成。其次，在 custom-button.wxss 文件中编写如下代码：

```
/*components/custom-button/custom-button.wxss*/
.border {
  background-color: green;
  border-radius: 5px;
  color: white;
  text-align: center;
  height: 50px;
  width: 140px;
  padding: 0px;
  justify-content: center;
  display: flex;
  align-items: center;
}
icon {
  display: inline-block;
}
text {
  height: 50px;
  line-height: 50px;
  display: inline-block;
  margin-left: 10px;
}
```

最后，在 custom-button.js 文件中添加单击按钮的触发方法，代码如下：

```
//components/custom-button/custom-button.js
Component({
  /**
   *组件的方法列表
   */
  methods: {
    tap:function(){
      console.log("按钮单击啦！");
    }
  }
})
```

这样就可以完成一个最简单的自定义组件的编写，然后在 pages 文件夹下新建一个命名为 custom 的测试页面，在 custom.json 文件中引入自定义组件，代码如下：

```
{
  "usingComponents": {
    "custom-button":"/components/custom-button/custom-button"
  }
}
```

需要注意的是，自定义组件的路径要配置正确，完成配置后，在 custom.wxml 文件中可以直接使用 custom-button 组件，代码如下：

```
<!--pages/custom/custom.wxml-->
<custom-button></custom-button>
```

运行代码，效果如图 6-3 所示。

图 6-3　自定义组件的运行效果

6.1.2　使用自定义组件插槽

插槽是自定义组件对外暴露的内部组件接口。应用程序经常会使用到弹窗组件，同一个应用程序内部的弹窗组件风格一般会保持一致，我们可以将弹窗封装为一个自定义组件，弹窗中的内容可以通过插槽的方式提供给调用方，由调用方指定。

在测试工程的 components 文件夹下新建一个命名为 custom-alert 的自定义组件。首先，在 custom-alert.wxml 文件中编写如下代码：

```
<!--components/custom-alert/custom-alert.wxml-->
<view class='alert'>
<view class='container'>
<text>温馨提示</text>
<!--这里定义了插槽-->
<slot></slot>
<view  class='buttons'><text class='btn1'>好的</text><text  class='btn2'>取消</text></view>
</view>
</view>
```

上面的示例代码搭建了弹窗视图的基本页面结构，其中插入了一个 slot 组件，这个组件就是一个插槽，调用方提供的组件会被放入 slot 插槽所定义的位置。其次，在 custom-alert.wxss 文件中编写如下样式表代码：

```
/*components/custom-alert/custom-alert.wxss*/
/*警告框样式定义*/
.alert {
  width: 100%;
  display: flex;
  flex-direction: column;
  align-items: center;
}
/*外层容器样式定义*/
.container {
  width:70%;
  text-align: center;
  background-color: wheat;
  box-shadow: gainsboro 0px 0px 25px;
  margin-top: 20px;
  display: flex;
  flex-direction: column;
  padding: 0px;
  border-radius: 20px;
}
/*按钮样式定义*/
.buttons {
   display: flex;
   flex-direction: row;
   height: 45px;
   margin-top: 20px;
}
/*文本样式定义*/
.buttons text {
  width: 50%;
  height: 45px;
  padding: 0px;
  border-top: solid 1px gray;
  margin: 0px;
}
.btn1 {
  border-right: solid 1px gray;
}
```

下面可以在 custom 页面中测试编写的自定义弹窗组件，修改 custom.wxml 文件中的代码，具体如下：

```
<!--pages/custom/custom.wxml-->
<custom-button></custom-button>
<custom-alert>
```

```
    <icon type='warn' size='50'></icon>
    <text>警告类型的弹窗</text>
  </custom-alert>
  <custom-alert>
    <text>纯文本弹窗</text>
  </custom-alert>
```

上面的测试代码定义了两个自定义弹窗，每个弹窗组件内部都嵌套了调用方提供的组件。其中，第一个自定义弹窗中的内容是一个图标和一行文本，第二个自定义弹窗的内容是纯文本的。需要注意的是，要使用 custom-alert 组件，需要在配置文件中指定自定义组件的路径，修改 custom.json 文件中的内容，具体如下：

```
{
  "usingComponents": {
    "custom-button":"/components/custom-button/custom-button",
    "custom-alert":"/components/custom-alert/custom-alert"
  }
}
```

运行代码，效果如图 6-4 所示。

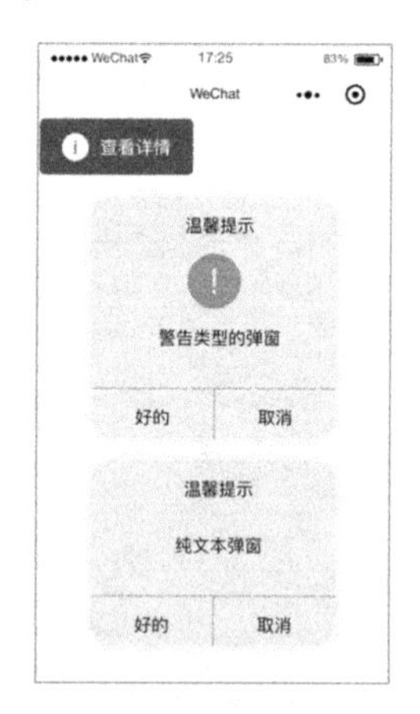

图 6-4 自定义弹窗组件的运行效果

在开发应用程序时要善于使用自定义组件，同一款应用程序内部的很多组件风格都是相似的，可以将它们的公共部分定义在自定义组件内部，通过插槽的方式为调用方提供定制化的接口，这样不仅可以提高开发效率，还可以优化代码的复用性。

另外，在一般情况下，组件内部只需要一个 slot 用来提供接口给外界进行组件插入，如果需要多个位置进行插入，则需要指定 slot 的名字，先在自定义组件的 JS 文件中开启支持多 slot 功能，具体如下：

```
Component({
  options: {
    multipleSlots: true
  }
})
```

然后为不同的 slot 分配不同的 name 值，具体如下：

```
<!--components/custom-alert/custom-alert.wxml-->
<view class='alert'>
<view class='container'>
<slot name='top'></slot>
<text>温馨提示</text>
<slot name='content'></slot>
<view  class='buttons'><text  class='btn1'>好的</text><text  class='btn2'>取消
</text></view>
</view>
</view>
```

在使用时，也需要指定组件插入的 slot 位置，具体如下：

```
<!--pages/custom/custom.wxml-->
<custom-button></custom-button>
<custom-alert>
  <text slot="top">顶部组件</text>
  <icon type='warn' size='50' slot='content'></icon>
</custom-alert>
<custom-alert>
  <text slot="content">纯文本弹窗</text>
</custom-alert>
```

运行代码，效果如图 6-5 所示。

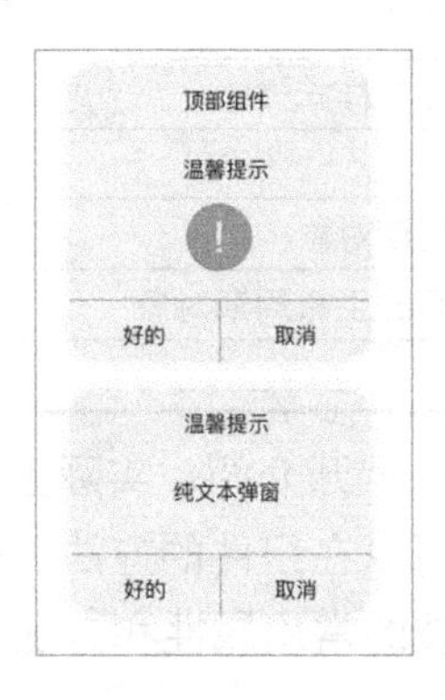

图 6-5　使用多个 slot 插槽

6.2　自定义组件的数据与方法绑定

自定义组件既可以接收外部传递的参数，也可以通过内部属性控制内部的渲染逻辑。自定义组件也支持方法的绑定，如前面编写的按钮组件或弹窗组件，当用户进行了交互操作时，外部需要先获取组件的交互状态，然后进行逻辑处理。

6.2.1 组件构造方法

以前面编写的 custom-button 自定义组件为例，在 custom-button.js 文件中默认生成了一个构造函数，其用来指定自定义组件的属性和方法等。自定义组件可以配置的属性如表 6-1 所示。

表 6-1 自定义组件可以配置的属性

属　性	意　义	值 类 型
properties	定义外部属性	对象
data	定义组件的内部属性，与页面构造方法中定义页面属性的 data 属性用法相同	对象
observers	设置组件的属性监听器	对象
methods	定义组件所需要的方法	对象
created	生命周期函数，当组件被创建时执行	函数
attached	生命周期函数，当组件进入页面节点树时执行	函数
ready	生命周期函数，当组件布局完成后执行	函数
moved	生命周期函数，当组件在节点树中位置改变时调用	函数
detached	生命周期函数，当组件从节点树中移除时调用	函数
behaviors	进行功能混合	数组
relations	定义组件间关系	对象
externalClasses	定义接收的外部样式类	数组
options	进行组件配置	对象
lifetimes	组件的生命周期对象	对象
pageLifetimes	组件所在页面的生命周期对象	对象
definitionFilter	定义过滤器	函数

表 6-1 列举的属性用法在后面会展开介绍，实际上，组件在构造完成后，也会生成一个 JavaScript 组件对象，组件对象可以在组件的方法、生命周期函数和监听器函数中使用 this 关键字进行访问，组件对象封装的常用属性和方法如表 6-2、表 6-3 所示。

表 6-2 组件对象封装的常用属性

属 性 名	意　义	值 类 型
is	获取组件的文件路径	字符串
id	获取组件的 id 值	字符串
dataset	获取组件的数据集	对象
data	获取组件的内部数据	对象
properties	获取组件的外部数据	对象

表6-3 组件对象封装的常用方法

方 法 名	意 义	参 数
setData	设置组件内部数据，会触发界面刷新	对象
hasBehavior	获取组件是否混入某个 Behavior 功能	Behavior 对象
triggerEvent	触发事件	name：事件名 detail：参数 options：配置项

6.2.2 内部数据与外部数据

内部数据通常用来定义组件内部逻辑所需要的数据，其需要定义在构造方法的 data 属性中，以 custom-button 自定义组件为例，先在 data 属性中添加如下内部数据：

```
data: {
  buttonColor:'green'
},
```

修改 custom-button.wxml 文件，使用 buttonColor 渲染按钮的背景颜色：

```
<!--components/custom-button/custom-button.wxml-->
<view class='border' bindtap='tap' style='background-color: {{buttonColor}}'>
<icon size='25' type='info' color='white'></icon>
<text>查看详情</text>
</view>
```

修改 tap()函数，当用户单击按钮时，切换按钮的颜色，具体如下：

```
 methods: {
  tap:function(){
    if (this.data.buttonColor == 'green') {
      this.setData({
       buttonColor: 'red'
      });
    } else {
      this.setData({
       buttonColor: 'green'
      });
    }
  }
 },
```

运行上述代码，单击自定义按钮，可以看到颜色切换效果。

上面演示了通过定义内部数据对组件的渲染提供支持，很多时候，组件的渲染不仅需要内部数据，还需要外部数据的支持，如自定义按钮，其按钮标题往往需要调用方进行设置，可以将其定义为外部数据。

定义外部数据，需要先在 properities 中进行外部属性的数据配置，具体如下：

```
    properties: {
      buttonTitle:{
        type:String,
        value:"按钮",
        observer:function(){
          console.log("按钮标题修改了");
        }
      }
    },
```

上述代码在定义外部数据时，properties 中的键为外部属性名，值为配置对象，配置对象中的 type 字段用来配置外部属性的类型，value 提供默认值，observer 提供一个函数，当外部属性变化时会被调用。

修改 custon-button.wxml 文件，使用外部属性渲染按钮标题，具体如下：

```
<!--components/custom-button/custom-button.wxml-->
<view class='border' bindtap='tap' style='background-color: {{buttonColor}}'>
<icon size='25' type='info' color='white'></icon>
<text>{{buttonTitle}}</text>
</view>
```

在使用自定义组件时，直接对组件的属性进行赋值即可，具体如下：

```
<!--pages/custom/custom.wxml-->
<custom-button button-title="联系客服"></custom-button>
```

运行上述代码，从控制台可以看到，当按钮标题修改时会回调监听器函数，并且按钮渲染的标题由调用方提供。

在使用外部数据时需要注意，在 properties 中定义的属性名与在组件内部使用的属性名都是采用大小写字母的驼峰式命名的，而在外部对组件进行使用时，WXML 标签中进行赋值的属性名需要使用“-”符号进行分割的驼峰命名。

6.2.3 使用数据集进行传值

除了使用内部数据与外部数据，WXML 还提供了一种组件传值的方式，即 dataset 数据集。使用组件对象可以获取 dataset 属性，这个属性就是组件的数据集，其中可以定义一组键值对，如在使用自定义组件时添加一些自定义的属性，具体如下：

```
<!--pages/custom/custom.wxml-->
<custom-button button-title="联系客服" data-name="自定义属性" data-location="上
海"></custom-button>
```

上述代码定义了 data-name 和 data-location 两个自定义的数据。其中，“-”前面的 data 是固定字段，表示使用数据集；“-”后面是自定义的属性名称，在自定义组件内部，可以通过组件的 dataset 获取数据集，具体如下：

```
  created:function(){
    console.log(this.dataset);
  },
```

运行上面的代码，控制台将输出如下信息：

```
{location: "上海", name: "自定义属性"}
```

6.2.4　自定义组件的事件

事件是组件间通信的基本方式，自定义组件的绑定事件方法与普通组件一样，使用“bind” + “事件名”的方式进行绑定，以 custom-alert 组件为例，当用户单击组件的“好的”按钮或“取消”按钮后，自定义组件应该将事件传递到页面，由页面做具体的逻辑处理。首先，在 custom-alert 组件中，我们需要对两个功能按钮进行单击事件的监听，具体如下：

```
  <!--components/custom-alert/custom-alert.wxml-->
  <view class='alert'>
  <view class='container'>
  <slot name='top'></slot>
  <text>温馨提示</text>
  <slot name='content'></slot>
  <view  class='buttons'><text  class='btn1'  bindtap='okClick'>好的</text><text
class='btn2' bindtap='cancelClick'>取消</text></view>
  </view>
  </view>
```

其次，在 custom-alert.js 中实现 okClick 与 cancelClick，具体如下：

```
  methods: {
    okClick:function(){
      this.triggerEvent("oktap","ok");
    },
    cancelClick:function(){
      this.triggerEvent("canceltap","cancel");
    }
  }
```

triggerEvent 方法是组件对象中封装的函数，使用它可以触发事件，其有 3 个参数：第 1 个参数为要触发的事件名；第 2 个参数为要传递的数据；第 3 个参数为配置对象，配置对象中可配置的字段如表 6-4 所示。

表 6-4　配置对象中可配置的字段

字 段 名	意　义	值 类 型
bubbles	设置事件是否冒泡	布尔值
composed	设置事件是否穿越组件边界	布尔值
capturePhase	设置事件是否捕获	布尔值

在使用自定义组件时，可以通过如下方式进行事件的绑定：

```
<custom-alert bindoktap="okClick" bindcanceltap="cancelClick">
  <text slot="top">顶部组件</text>
  <icon type='warn' size='50' slot='content'></icon>
</custom-alert>
```

在页面中实现 okClick 与 cancelClick，具体如下：

```
  okClick:function(event) {
    console.log(event.detail);//ok
  },
  cancelClick:function(event){
    console.log(event.detail);//cancel
  }
```

运行上述代码，通过控制台的打印，可以看到组件间已经实现了事件的通信与数据传递。

6.3 组件的生命周期函数与 behaviors

生命周期函数是组件从创建到销毁过程中由系统触发的一系列函数，生命周期函数标记了组件运转过程中的特殊时间点。了解组件的生命周期函数可以帮助读者更好地理解组件的运行过程。

behaviors 是小程序组件的一种高级功能，其用来进行行为混入，我们可以定义一些拥有通用行为的 behaviors 对象，在需要引用这些功能的组件中直接将它们混入即可，behaviors 使代码的复用性进一步提高。

6.3.1 组件的生命周期函数

在组件的生命周期函数中，created 方法最先被触发，其表示此时组件已经创建完成。之后会进行组件渲染，当组件进入页面的节点树后，attached 生命周期函数会被调用，一般开发者需要进行的额外初始化逻辑都可以放在这个函数中进行，detached 生命周期方法在组件移出页面节点树时会触发，通过退出页面触发 detached 方法。

理解组件生命周期函数最好的方法是通过代码进行测试，在自定义组件中实现如下方法：

```
var count = 1;
Component({
  //组件被创建
  created:function(){
    console.log(count++,"created");
```

```
  },
  //组件准备完成
  ready:function(){
    console.log(count++, "ready");
  },
  //准备渲染
  attached:function(){
    console.log(count++, "attached");
  },
  //组件节点被移动
  moved:function(){
    console.log(count++, "moved");
  },
  //移出渲染
  detached:function(){
    console.log(count++, "detached");
  },
  //抛出异常
  error:function(){
    console.log(count++, "error");
  }
})
```

其中，count 变量是一个计数器，用来标记生命周期方法执行的顺序，在一个页面从显示到退出的过程中，有 4 个生命周期函数是一定会被执行的，执行顺序依次是 created→attached→ready→detached。当组件在页面节点树中移动时会执行 moved 方法，当组件有错误抛出时会执行 error 方法。

在组件的构造方法部分提到了 lifetimes 对象，这个对象也是用来定义组件的生命周期方法的，如下面代码的效果和上面示例代码完全一致：

```
//components/custom-button/custom-button.js
var count = 1;
Component({
  lifetimes:{
    created: function () {
      console.log(count++, "created");
    },
    ready: function () {
      console.log(count++, "ready");
    },
    attached: function () {
      console.log(count++, "attached");
    },
    moved: function () {
      console.log(count++, "moved");
    },
    detached: function () {
      console.log(count++, "detached");
```

```
    },
    error: function () {
      console.log(count++, "error");
    }
  }
})
```

需要注意的是，如果在组件的构造方法中与 lifetimes 字段中都实现的生命周期方法，则 lifetimes 字段中的优先级更高，会覆盖组件参数中的实现。

除了 lifetimes 字段，组件的构造方法中还提供了 pageLifetimes 字段，这个字段可以关联实现组件所在页面的生命周期函数，如某些组件需要监听页面的显示与隐藏来做逻辑，pageLifetimes 字段可实现的页面生命周期方法如表 6-5 所示。

表 6-5　pageLifetimes 字段可实现的页面生命周期方法

方 法 名	意 义	参 数
show	组件所在页面展示的时候触发	无
hide	组件所在页面隐藏的时候触发	无
resize	组件所在页面尺寸改变时触发	Size 对象

6.3.2 行为混入

行为混入是小程序开发中的一种高级编程技巧，使用 behaviors 对象，可以将一些通用的功能从组件中抽离出去，其可以使代码的复用性更强，并且可以非常方便地为组件附加功能。例如，我们需要完成这样一个需求，在自定义组件创建完成时，在控制台打印输出时间戳，便于开发者进行组件的调试。

上面的打印功能就是一个非常通用的功能，当前在编写组件时可以在其生命周期方法中添加打印逻辑，但是每创建一个新的自定义组件，都需要添加重复的代码，而且如果要实现的通用逻辑非常复杂，这种实现方式就变得非常麻烦。

在工程中新建一个命名为 behaviors 的文件夹，用来存放所有 Behavior 逻辑文件，在此文件夹下新建一个命名为 timelogbehavior.js 的文件，在其中编写如下代码：

```
var behavior = Behavior({
  behaviors: [],//混入其他 behaviors 对象
  //对组件的外部数据进行扩展
  properties: {
    name: {
      type: String,
      value:"logbehavior"
    }
  },
  //对组件的内部数据进行扩展
  data: {
    version:"1.0"
```

```
  },
  //扩展生命周期方法
  ready() {
    this.log();
  },
  //对组件的方法进行扩展
  methods: {
    log:function(){
      console.log(this.properties.name,this.data.version,"准备完成",Date());
    }
  }
});
module.exports = behavior;
```

上面的代码中有十分详尽的注释，这个行为方法的作用是对组件的外部数据和内部数据进行扩展，并且实现了组件准备完成的生命周期函数 ready()。

在需要使用打印功能的组件中混入上面的 behaviors 对象，示例代码如下：

```
//components/custom-button/custom-button.js
var count = 1;
const log = require("../../behaviors/timelogbehavior.js");
Component({
  properties: {
    buttonTitle:{
      type:String,
      value:"按钮",
      observer:function(){
        console.log("按钮标题修改了");
      }
    }
  },
  behaviors:[
    log
  ],
  /**
   * 组件的初始数据
   */
  data: {
    buttonColor:'green'
  },
  ready:function(){
    console.log(count++, "ready");
  },
})
```

在使用组件的地方可以对组件的外部数据进行设置，具体如下：

```
<custom-button button-title="联系客服" data-name="自定义属性" data-location="上海" name="客服按钮"></custom-button>
```

运行上述代码，控制台将打印如下信息：

```
客服按钮 1.0 准备完成 Mon Apr 08 2019 22:25:31 GMT+0800 (CST)
1 "ready"
```

可以看到，当前组件已经拥有了 timelogbehavior 中定义的所有数据与方法。需要注意的是，对组件进行行为混合时，应遵循以下 3 条原则。

（1）behaviors 对象的优先级高于组件，如果有同名的属性和方法，组件中的属性和方法会被覆盖。

（2）生命周期方法不会被覆盖，会首先执行 Behavior 中的生命周期方法，然后执行组件中的生命周期方法。

（3）如果同名的数据是对象类型，则不会简单地进行覆盖，而是会进行对象混合。

6.4 组件间关系与数据监听器

在大多数情况下，我们需要使用的组件都是独立的，但是并非所有组件都是独立的。例如，swiper 组件内部嵌套的子组件必须是 swiper-item 组件。swiper 组件与 swiper-item 组件间有强制的父子关系。对于自定义组件，也可以强制为其指定关系。

数据监听器是自定义组件中非常好用的一种功能，开发者可以监听组件中数据的变化做相应的逻辑处理。

6.4.1 定义组件关系

首先，在测试工程的 components 文件夹下新建一个命名为 custom-list 的文件夹，在其中新建两个自定义组件，分别命名为 custom-list 和 custom-list-item。其中，custom-list 作为自定义的列表组件，custom-list-item 作为其中的行组件。

custom-list-item 组件中除了 JS 文件，其他文件都无须修改，在 custom-list-item.js 中编写如下代码：

```
//components/custom-list/custom-list-item.js
Component({
  relations:{
    './custom-list' : {
      type: 'parent',
      linked(target) {
        this.dataset.title="HelloWorld";
      },
      linkChanged(target) {
        console.log("custom-list-item", "linkChanged");
      },
      unlinked(target) {
        console.log("custom-list-item", "unlinked");
```

```
            }
        }
    }
})
```

relations 用来配置组件的依赖关系，其中键为依赖的组件所在路径，值为具体的配置项。relations 可配置项如表 6-6 所示。

表 6-6　relations 可配置项

配　置　项	意　义	值
type	设置依赖类型	可选值：parent，所依赖的组件为父节点；child，所依赖的组件为子节点；ancestor，所依赖的组件为祖先节点；descendant，所依赖的组件为后代节点
linked	建立依赖关系过程的生命周期函数，关系建立时触发	函数
linkChanged	建立依赖关系过程的生命周期函数，关系发生改变时触发	函数
unlinked	建立依赖关系过程的生命周期函数，组件脱离节点树时触发	函数
target	通过扩展行为建立依赖关系，可以设置为 Behavior 对象，则所有混入此 Behavior 对象的组件都会被建立关系	Behavior 对象

在 custom-list.js 文件中编写如下代码：

```
//components/custom-list/custom-list.js
Component({
  relations: {
    './custom-list-item': {
      type: 'child',
      linked(target) {
        console.log("custom-list", "linked");
      },
      linkChanged(target) {
        console.log("custom-list", "linkChanged");
      },
      unlinked(target) {
        console.log("custom-list", "unlinked");
      }
    }
  },
  ready:function() {
    let node = this.getRelationNodes('./custom-list-item');
    let array = node.map(function (item) {
      return item.dataset.title;
    });
    this.setData({
```

```
        nodes:array
      });
      console.log(node);
    }
})
```

上述代码将 custom-list 与 custom-list-item 建立父子关系，当关系建立完成后，在 ready 方法中可以通过组件的 getRelationNodes 方法获取所关联的组件，getRelationNodes 方法会返回一个数组，将关联的组件有序地提供给我们。

新建一个命名为 custom-list-page 的页面，先在 custom-list-page.json 文件中引入要使用的自定义组件，具体如下：

```
{
  "usingComponents": {
    "custom-list": "/components/custom-list/custom-list",
    "custom-list-item": "/components/custom-list/custom-list-item"
  }
}
```

在 custom-list-page.wxml 文件中编写如下测试代码：

```
<!--pages/custom-list-page/custom-list-page.wxml-->
<custom-list>
<custom-list-item></custom-list-item>
<custom-list-item></custom-list-item>
<custom-list-item></custom-list-item>
<custom-list-item></custom-list-item>
<text>不是 ITEM 组件</text>
</custom-list>
```

运行上述代码，可以看到界面渲染出的列表效果。为组件建立关系，也是组件间通信的一种高效方式。

6.4.2 使用数据监听器

数据监听器并非一个陌生的概念，在介绍外部数据时，曾提及在定义数据时可以设置其 observer 监听函数，当这个数据发生改变时，监听函数就会被调用。observer 是另一种进行数据监听的方法，其更加通用、更加灵活。

以之前编写的 custom-button 组件为例，修改其 custom-button.js 文件，具体如下：

```
//components/custom-button/custom-button.js
Component({
  /**
   *组件的属性列表
   */
  properties: {
    buttonTitle:{
      type:String,
      value:"按钮",
```

```
      observer:function(){
        console.log("按钮标题修改了");
      }
    }
  },
  observers:{
    'buttonTitle, buttonColor':function(title, color){
      console.log('observers',title, color);
    },
    'buttonColor': function (color) {
      console.log('observers', color);
    },
  },
  /**
   *组件的初始数据
   */
  data: {
    buttonColor:'green'
  },
  /**
   *组件的方法列表
   */
  methods: {
    tap:function(){
      if (this.data.buttonColor == 'green') {
        this.setData({
          buttonColor: 'red'
        });
      } else {
        this.setData({
          buttonColor: 'green'
        });
      }
    }
  },
})
```

observers 数据监听器可以同时监听多个数据，无论是内部数据还是外部数据都可以进行监听，并且其和数据内部的监听器并不冲突，同时，在定义监听器时也支持使用点语法监听某个对象的某个属性，或使用符号'**'表示通配，监听所有数据或对象中所有的属性，具体如下：

```
observers: {
    'obj.**': function (field) {
      //监听对象所有属性
    },
   '**':function(value) {
      //监听所有数据
   }
  },
```

第 7 章

网络与数据存储

在互联网时代，连接网络是应用程序必备的基础功能。无论是电商、社区、教育、读书，还是游戏、音频、视频、新闻、工具，各种类型的应用程序都需要使用网络为用户提供更新、更有趣的内容。小程序也不例外，小程序开发框架中提供了丰富了网络接口，开发者可以使用这些接口直接进行数据请求、文件下载与上传、套接字长连接等。

有网络就有数据，实时性强的数据一般会存储在服务端，当用户需要时从服务端进行请求，而对于实时性不太强的一些数据，用户请求一次之后，开发者可以将其进行存储，有效地使用缓存技术可以极大地提高用户体验。

本章主要介绍小程序中网络与数据存储相关接口的使用。

7.1　进行网络请求

网络请求实际上就是客户端与服务端进行交互的过程。以新闻类应用程序为例，用户在使用应用程序时，数据都是由服务端提供的。

客户端只是作为展示数据的页面容器，在客户端与服务端进行通信时，首先由客户端向服务端发起请求，服务端接收到请求后，根据客户端的请求内容将数据返回客户端，客户端收到服务端返回的数据进行页面展示和逻辑处理。

7.1.1　使用第三方网络数据服务

客户端要和服务端进行通信，要先有一个提供数据的服务端。开发一个服务后台程序比较麻烦，为了方便学习，我们可以直接使用互联网上提供的免费数据接口服务。

天行数据是一个提供接口服务的网站，其提供了许多常用的数据接口，如新闻数据、天气数据、股票数据等。虽然天行数据并非免费的数据提供网站，但是新注册的用户有 10 000 次免费调用接口的机会，这对我们学习来说是足够的。

在天行数据首页可以看到网站提供的各种数据接口，并且在页面的右上角提供了登录和注册入口，如图 7-1 所示。

图 7-1　天行数据网站首页

如果不是天行数据的会员，则需要先注册一个天行数据网站的账号，注册流程十分简单，只需要填写昵称和有效的邮箱地址，并设置密码即可，如图 7-2 所示。

图 7-2　注册天行数据网站会员

完成会员的注册后，可以直接登录到天行数据后台，在天行数据后台可以看到当前账户的账户信息。其中，APIKEY 字段非常重要，在使用天行数据提供的接口时，需要用这个字段进行权限的验证，如图 7-3 所示。

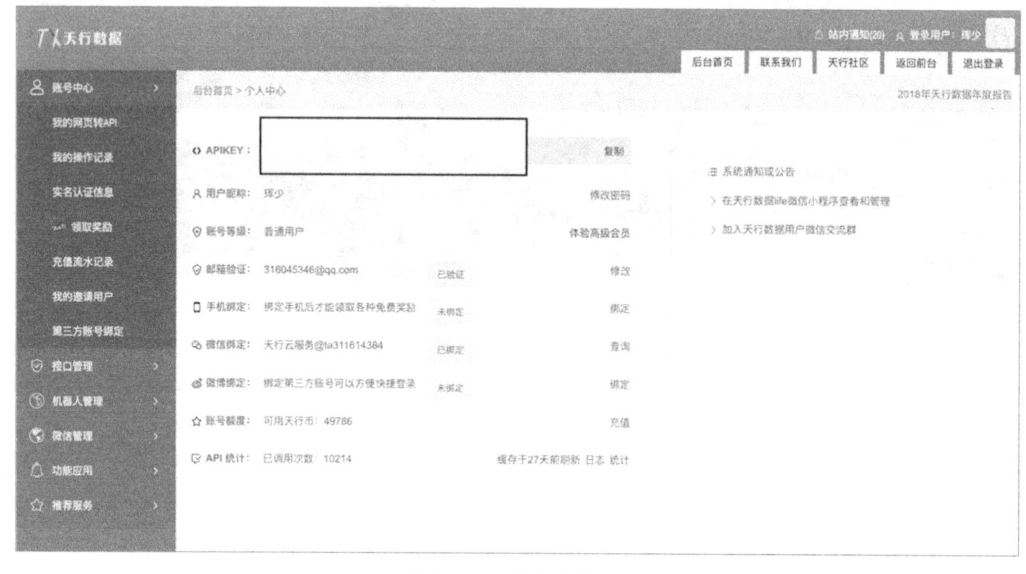

图 7-3　天行数据后台

下面可以使用申请到的 APIKEY 进行数据接口的测试，默认新账号有 10 000 次的免费请求额度。

在天行数据首页的数据接口列表中找到“简说历史”接口服务，这个接口的作用是随机返回一句历史典故，在数据接口的详情页可以看到接口介绍、请求参数和返回示例等，如图 7-4 所示。

图 7-4　接口服务详情页

在查看接口的使用方法时需要注意以下几点：一是接口的地址，客户端需要通过这个地址访问接口服务；二是接口的参数和返回数据示例，参数告诉我们客户端在访问服务端时需要传递哪些数据，返回数据示例告诉我们服务端会返回什么样的数据给客户端。下面对“简说历史”接口进行测试，单击接口详情页面中的“在线测试”按钮，在测试页面，将申请到的 APIKEY 填入参数列表中，之后单击“测试请求”，网页右侧如果正确返回了数据，则表明接口测试通过，如图 7-5 所示。

图 7-5　对接口服务进行测试

7.1.2 在小程序中访问接口服务

在测试工程中新建一个页面目录，命名为 request，并新建一个命名为 request 的页面，修改 request.wxml 文件，具体如下：

```
<!--pages/request/request.wxml-->
<text>{{data}}</text>
```

上面的代码只是简单地展示文本数据，在 request.js 文件中编写如下代码：

```
//pages/request/request.js
Page({
  data: {
  },
  onLoad: function (options) {
    //定义参数
    var params = {
      key:"ef7f04344615b7ff44a8b3aa78aa****",
    };
    //发起请求
    wx.request({
      url: 'https://api.tianapi.com/txapi/pitlishi/',
      data: params,
      method: 'GET',
      success: (res)=> {
        console.log("数据请求成功",res);
        this.setData({
          data:res.data.newslist[0].content
        });
      },
      fail: (res) => {
        console.log("数据请求失败", res);
        this.setData({
          data: res
        });
      },
    })
  }
})
```

另外，在发起请求前，需要先关闭小程序的域名验证功能，在开发工具的菜单栏选择“详情”选项，勾选其中不进行合法域名校验选项，如图 7-6 所示。

运行代码，从页面的渲染效果可以看到，小程序已经可以成功访问服务端提供的接口数据。

关于 wx.request 方法，7.1.3 节会做更加详细的介绍，上面示例代码中设置的请求方法为 GET 方法，在请求成功的回调方法中会将服务端返回的数据作为参数传递给调用方。

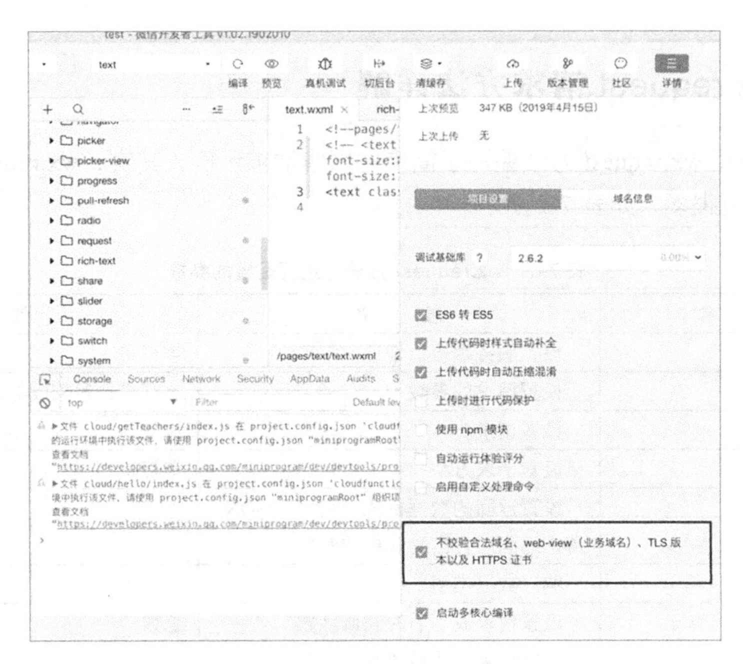

图 7-6　关闭域名校验功能

域名校验功能主要是为了提高小程序的安全性，防止小程序访问未经开发者授权的接口服务，我们可以在小程序后台的开发设置中进行安全域名的添加，在小程序后台的开发设置中选择添加服务器域名，将天行数据网站的域名添加进入即可，如图 7-7 所示。

图 7-7　进行信任域名的添加

之后，即使开启域名安全性校验，也可以成功访问天行数据提供的接口服务。

7.1.3 wx.request 请求方法详解

7.1.2 节使用 wx.request 方法编写了简单的网络请求示例，其实，wx.request 方法可进行配置的参数有很多，如表 7-1 所示。

表 7-1 wx.request 方法可进行配置的参数

参 数 名	意 义	值
url	设置服务端接口地址	字符串
data	设置请求的参数	字符串、对象或数组
header	设置请求头	对象
method	设置请求方法	字符串
dataType	设置返回的数据格式，默认为 JSON，请求返回后会自动解析成对象	字符串
responseType	响应数据类型	字符串
success	设置请求成功后的回调函数	函数
fail	设置请求失败后的回调函数	函数
complete	设置请求完成后的回调函数，无论成功还是失败都会调用	函数

表 7-1 中列举的 method 参数用来设置请求的方法，需要与接口服务一致。HTTP/HTTPS 协议中常用的请求方法如表 7-2 所示。

表 7-2 HTTP/HTTPS 协议中常用的请求方法

方 法 名	意 义
GET	进行 GET 请求
OPTIONS	进行 OPTIONS 请求
HEAD	进行 HEAD 请求
POST	进行 POST 请求
PUT	进行 PUT 请求
DELETE	进行 DELETE 请求
TRACE	进行 TRACE 请求
CONNECT	进行 CONNECT 请求

需要注意的是，调用 wx.request 方法后会立刻返回一个 RequestTask 对象，这个对象用来描述请求任务。RequestTask 对象可调用的方法如表 7-3 所示。

表 7-3 RequestTask 对象可调用的方法

方 法 名	意 义	参 数
abort	中断当前请求任务	无
onHeadersReceived	设置监听响应头事件	函数对象
offHeadersReceived	取消监听响应头事件	函数对象

7.2　文件下载与上传

文件下载与上传也是客户端和服务端交互的方式。例如，社交类应用程序通常都支持用户进行图片和视频的分享，这就需要将图片和视频上传到服务端进行保存，很多应用程序也都为用户提供自定义头像的功能，这需要使用图片文件上传功能。小程序开发框架提供了十分简洁的文件下载与上传接口，开发者可以直接调用。

7.2.1　文件下载

以图片下载为例，可以先在互联网上找一张图片，并获取其链接，然后通过这个链接下载图片。修改 request.wxml 文件，为其添加一个图片组件，具体如下：

```
<!--pages/request/request.wxml-->
<text>{{data}}</text>
<image src='{{img}}'></image>
```

在 request.js 文件的 onLoad 方法中添加如下代码：

```
onLoad: function (options) {
  var params = {
    key:"ef7f04344615b7ff44a8b3aa78aa27f3",
  };
  wx.request({
    url: 'https://api.tianapi.com/txapi/pitlishi/',
    data: params,
    method: 'GET',
    success: (res)=> {
      console.log("数据请求成功",res);
      this.setData({
        data:res.data.newslist[0].content
      });
    },
    fail: (res) => {
      console.log("数据请求失败", res);
      this.setData({
        data: res
      });
    },
  });
  wx.downloadFile({
    url:"http://huishao.cc/img/avatar.jpg",
    success: (res)=>{
      console.log(res.tempFilePath);
```

```
                this.setData({
                    img:res.tempFilePath
                });
            }
        })
    }
```

在上述示例代码中，wx.downloadFile 方法用来下载文件，其中，url 属性设置文件的远程地址，需要注意的是，远程主机地址需要添加到小程序后台，作为信任的链接地址。

success 参数设置下载成功后的回调函数，其中，参数 res 中会封装文件的临时地址，通过文件的地址可以将图片加载到页面上，也可以进行后续的逻辑操作。wx.downloadFile 方法中可配置的参数如表 7-4 所示。

表 7-4　wx.downloadFile 方法中可配置的参数

参数名	意义	值
url	设置远程文件地址	字符串
header	设置发起的请求头数据	对象
filePath	指定下载后的文件路径	字符串
success	设置下载文件成功后的回调函数	函数
fail	设置下载文件失败后的回调函数	函数
complete	设置下载文件完成后的回调函数，无论成功还是失败都会调用	函数

与 wx.request 方法类似，调用 wx.downloadFile 方法后，会立刻返回一个 DownloadTask 对象。DownloadTask 对象可调用的方法如表 7-5 所示。

表 7-5　DownloadTask 对象可调用的方法

方法名	意义	参数
abort	中断下载任务	无
onHeadersReceived	设置监听响应头事件	函数
offHeadersReceived	取消监听响应头事件	函数
onProgressUpdate	设置监听下载进度事件	函数，会将当前下载进度作为参数传入
offProgressUpdate	取消监听下载进度事件	函数

7.2.2　文件上传

小程序开发框架的设计面向应用，所以其将复杂的技术实现都进行了封装。在小程序中进行文件上传非常简单，使用 wx.uploadFile 方法可以进行文件上传，其与 wx.downloadFile 方法的用法基本一致。文件上传方法可配置的参数如表 7-6 所示。

表 7-6 文件上传方法可配置的参数

参 数	意 义	值
url	设置上传到服务端的地址	字符串
filePath	设置要上传文件的地址	字符串
name	设置文件名	字符串
header	设置上传请求的请求头数据	对象
formData	设置请求中的表单数据	对象
success	设置上传成功的回调函数	函数
fail	设置上传失败的回调函数	函数
complete	设置上传任务完成的回调函数	函数

调用 wx.uploadFile 方法后也会立即返回一个 UploadTask 对象，该对象的用法与 DownloadTask 对象完全一致，用来控制上传任务，同时可以监听上传进度。

7.3 使用 WebSocket 技术

小程序提供了对 WebSocket 相关支持的接口。WebSocket 技术使客户端与服务端的通信更加简单，之前使用的 HTTP/HTTPS 请求的发起都是单向的，即由客户端发起，服务端接收到请求后将数据返回客户端，服务端无法主动与客户端进行联系。

如果使用 WebSocket 技术，那么客户端和服务端可以自由地进行数据传递，客户端也可以主动向服务端发送数据，服务端也可以主动向客户端推送数据。

7.3.1 建立 WebSocket 对象

使用 WebSocket 进行通信，服务端需要提供一个 WebSocket 服务器，在小程序中，需要先调用如下方法建立连接：

```
wx.connectSocket
```

套接字方法可配置的参数如表 7-7 所示。

表 7-7 套接字方法可配置的参数

参 数 名	意 义	值
url	设置服务端接口地址	字符串
header	设置请求头数据	对象
protocols	设置协议数组	数组
tcpNoDelay	是否开启 TCP_NODELAY 设置	布尔值
success	设置建立连接成功的回调函数	函数
fail	设置建立连接失败的回调函数	函数

建立连接完成后，需要监听连接打开事件，使用如下方法：

```
wx.onSocketOpen
```

wx.onSocketOpen 方法的参数需要设置为一个函数对象，当此回调函数执行后，表示 WebSocket 服务已经开启，客户端和服务端可以进行通信。调用如下方法可以从客户端向服务端发送数据：

```
wx.sendSocketMessage
```

使用套接字发送信息方法可配置的参数如表 7-8 所示。

表 7-8　使用套接字发送信息方法可配置的参数

参 数 名	意　义	值
data	设置要发送的数据	字符串
success	设置发送数据成功后的回调函数	函数
fail	设置发送数据失败后的回调函数	函数
complete	设置发送数据完成后的回调函数	函数

通过如下方法设置的监听回调用来接收服务端主动推送给客户端的数据：

```
wx.onSocketMessage
```

调用如下方法可以将 WebSocket 服务关闭：

```
wx.closeSocket
```

wx.closeSocket 方法可配置参数如表 7-9 所示。

表 7-9　wx.closeSocket 方法可配置参数

参 数 名	意　义	值
code	状态码，1000 表示正常关闭	数值
reason	设置连接关闭的原因	字符串
success	设置方法调用成功后的回调函数	函数
fail	设置方法调用失败后的回调函数	函数
complete	设置方法调用完成后的回调函数	函数

除上面提到的 WebSocket 相关方法外，使用 onSocketError 方法可以设置错误事件的监听，使用 onSocketClose 方法可以设置 Socket 连接关闭事件的监听。

7.3.2　使用 SocketTask 对象

调用 wx.connectSocket 方法后会返回一个 SocketTask 对象，这个对象表示一个 Socket 任务，可以使用它进行 WebSocket 相关控制。连接套接字方法可配置参数如表 7-10 所示。

表 7-10　连接套接字方法可配置参数

方 法 名	意　义	参　数
send	发送数据到服务端	对象
close	手动关闭 Socket 连接	配置对象，和 wx.closeSocket 方法的参数一致
onOpen	监听连接打开事件	函数
onClose	监听连接关闭事件	函数
onError	监听错误事件	函数
onMessage	设置接收到服务端推送数据的回调函数	函数

7.4　小程序中的数据存储技术

数据存储对一款体验优质的应用程序来说至关重要。例如，一个需要会员登录后才能使用的应用程序，当用户登录一次后，需要将用户的会员信息暂时存储起来，用户下次使用应用程序时无须重复进行登录操作。数据存储大致分为两类：一类是缓存存储；另一类是持久化存储。

其中，缓存存储通常用来存储数据量小、有效期短的数据，如前面提到的用户会员数据；持久化存储则用来存储数据量大、有效期长的数据，如社交应用中的用户聊天记录。本节将通过这两个方面介绍小程序中的数据存储技术。

7.4.1　数据缓存

小程序提供了一系列的接口用来对数据进行储存、获取、删除等操作，使用非常简单。数据缓存相关方法如表 7-11 所示。

表 7-11　数据缓存相关方法

方 法 名	意　义	参　数

wx.setStorage	向缓存库中存储数据	{
		key:数据对应的键
		data:要存入的数据
		success:存入成功的回调
		fail:存入失败的回调
		complete:存储完成的回调
		}

setStorageSync	同步向缓存库中存储数据	key:数据对应的键 data:要存储的数据

续表

方 法 名	意 义	参 数

getStorage	从缓存库中获取数据	{
		key:要获取的数据对应的键
		success:获取成功后的回调，数据会包装在回调函数参数的 data 属性中
		fail:获取数据失败的回调
		complete:获取数据完成的回调
		}

getStorageSync	同步从缓存库中获取数据	key:要获取的数据的键

removeStorage	从缓存库中删除数据	{
		key:要删除的数据对应的键
		success:删除成功的回调
		fail:删除失败的回调
		complete:删除完成的回调
		}

removeStorageSync	同步从缓存库中删除数据	key:数据对应的键

clearStorage	删除缓存库中的所有数据	{
		success:删除成功的回调
		fail:删除失败的回调
		complete:删除完成的回调
		}

clearStorageSync	同步删除缓存库中的所有数据	无

getStorageInfo	获取缓存库信息，在获取成功的回调会传入如下对象作为参数：
	{
	keys:缓存库中所有的键
	currentSize:当前缓存数据量
	limitSize:缓存限制空间大小
	}
		{
		success:获取成功的回调
		fail:获取失败的回调
		complete:获取完成的回调
		}

getStorageInfoSync	同步获取缓存库信息，如上个方法	无

在微信中，各个小程序的缓存库是互相隔离的，小程序只能访问本身存储的缓存数据。上面列举的方法都提供了同步和异步两个版本。同步是指执行方法时程序会阻塞，直到方法执行完成才继续向后执行，因此使用同步的缓存方法可以立刻返回要获取的数据或操作的结果。

异步是指方法的执行不会阻塞主程序的执行，因此结果需要通过回调函数传递给开发者。对于缓存库，当用户主动删除或超过一段时间后会清理数据，否则数据一直可用，单个数据大小最大为 1MB，缓存库的最大容量为 10MB。

下面通过代码简单演示缓存方法的使用，新建一个命名为 storage 的页面，在 storage.wxml 文件中编写如下代码：

```
<!--pages/storage/storage.wxml-->
<text>{{data}}</text>
<button bindtap='save'>存入数据</button>
<button bindtap='get'>获取数据</button>
<button bindtap='remove'>删除数据</button>
<button bindtap='info'>查看缓存信息</button>
```

上述代码使用 text 组件显示缓存的数据，其他按钮组件都用来执行缓存方法，在 storage.js 文件中编写如下代码：

```
//pages/storage/storage.js
Page({
  data: {
    data:"无数据"
  },
  //将数据存储到缓存
  save:function() {
    wx.setStorage({
      key: 'userName',
      data: '珲少',
    })
  },
  //从缓存中获取数据
  get:function() {
    wx.getStorage({
      key: 'userName',
      success: (res) => {
        this.setData({
          data:res.data
        });
      },
      fail:()=>{
        this.setData({
          data: "无数据"
        });
      }
    })
  },
  //将缓存中的数据删除
  remove:function(){
    wx.removeStorage({
      key: 'userName',
      success: function(res) {
        console.log("删除成功");
      },
    })
  },
```

```
    //缓存中的数据情况
    info:function(){
      wx.getStorageInfo({
        success: function(res) {
          console.log(res);
        },
      })
    },
})
```

运行代码，通过操作界面可以看到数据缓存的相关情况。其实，在开发者工具中也可以直接查看缓存库中的数据情况，在开发者工具的调试区中选择 storage 选项，在其中可以看到当前缓存库中的数据，如图 7-8 所示。

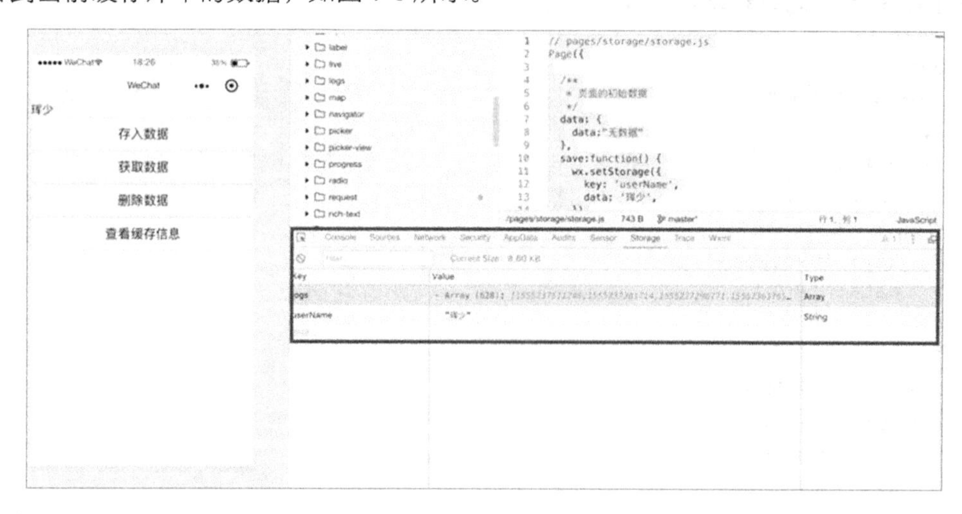

图 7-8　查看小程序缓存库

7.4.2　使用文件接口进行持久化存储

在小程序中，文件系统由 4 块组件，分别为代码包文件、本地临时文件、本地缓存文件、本地用户文件。

代码包文件是指在开发小程序时由开发者创建的代码文件和资源文件，在小程序中可以直接对其进行访问，但是没有修改权限。

本地临时文件是由某些接口调用后产生的临时文件，临时文件的生命周期非常短，小程序关闭后临时文件就会被清除。例如，我们前面使用的文件下载方法，当文件下载完成后就会生成一个临时文件，并将临时文件的路径返回开发者。

本地缓存文件是调用缓存接口存储数据所生成的文件，开发者同样不能直接操作这些文件，只能通过缓存相关接口进行数据操作。

本地用户文件是指用户使用小程序过程中产生的持久化数据文件，其有特定的存储目录，开发者可以在此目录下自由地读写文件。

使用 wx.env.USER_DATA_PATH 可以获取本地用户文件的目录路径，开发者可以在其下面存放文件或继续创建子文件夹。

我们可以使用下面的方法直接将临时文件存储到用户文件目录中：

```
wx.saveFile
```

这个方法需要传递一个配置对象作为参数。saveFile 方法可配置属性如表 7-12 所示。

表 7-12　saveFile 方法可配置属性

属　性　名	意　　义	值
tempFilePath	要保存的文件的临时目录	字符串
success	设置保存成功的会调用，文件的路径会封装在函数参数的 savedFilePath 属性中	函数
fail	设置保存文件失败后的回调函数	函数
complete	设置接口调用完成后的回调函数	函数

需要注意的是，本地文件大小限制为 10MB，并且当调用 saveFile 方法保存了临时文件后，临时文件路径将不可用。使用 wx.removeSavedFile 方法可以删除本地保存的文件，其参数需要传递一个配置对象，可配置属性如表 7-13 所示。

表 7-13　removeSavedFile 方法可配置属性

属　性　名	意　　义	值
filePath	设置要删除的文件路径	字符串
success	设置删除成功的回调函数	函数
fail	设置删除失败的回调函数	函数
complete	设置删除操作完成后的回调函数	函数

已经下载到本地的文件，可以调用下面的接口在小程序中打开文件：

```
wx.openDocument
```

wx.openDocument 方法支持打开的文件格式包括 doc、docx、xls、xlsx、ppt、pptx 和 pdf。openDocument 的参数为配置对象，可配置属性如表 7-14 所示。

表 7-14　openDocument 方法可配置属性

属　性　名	意　　义	值
filePath	要打开的文件路径，需要先下载到本地，使用本地路径打开	字符串
fileType	设置文件类型	字符串
success	设置成功打开文件的回调函数	函数
fail	设置打开文件失败的回调函数	函数
complete	设置打开文件完成的回调函数	函数

使用下面的方法可以获取保存到本地的所有文件列表：

```
wx.getSavedFileList
```

和前面介绍的方法一样，wx.getSavedFileList 方法可以设置一个配置对象作为参数，配置对象中可以配置查询成功、失败和完成的回调函数。在成功回调函数的参数中，会封装一个名为 fileList 的属性，这个属性是一个数据，其中存放所有存储到本地的文件说明对象。文件说明对象中的属性如表 7-15 所示。

表 7-15　文件说明对象中的属性

属　性　名	意　　义	值
filePath	文件所在路径	字符串
size	文件的字节大小	数值
createTime	文件保存的时间戳	数值

使用下面的方法也可以获取保存到本地的文件信息：

```
wx.getSavedFileInfo
```

wx.getSavedFileInfo 的参数为配置对象，配置对象中可配置属性如表 7-16 所示。

表 7-16　获取所保存文件详情信息方法可配置属性

属　性　名	意　　义	值
filePath	要查询的文件路径	字符串
success	查询成功的回调函数	函数
fail	查询失败的回调函数	函数
complete	查询完成的回调函数	函数

查询成功后，在回调的参数对象中会封装文件的信息，如表 7-17 所示。

表 7-17　文件信息对象中的属性

属　性　名	意　　义	值
size	文件尺寸	数值
createTime	文件保存时间	数值

需要注意的是，wx.getSavedFileInfo 方法只能查询存储到本地的文件的信息，如果需要查询临时文件的文件信息，需要调用下面的方法：

```
wx.getFileInfo
```

获取文件信息方法的参数对象可配置属性如表 7-18 所示。

表 7-18　获取文件信息方法的参数对象可配置属性

属　性　名	意　　义	值
filePath	要查询文件的路径	字符串
digestAlgorithm	设置计算摘要的算法	可选值：md5、sha1
success	设置查询成功的回调函数	函数
fail	设置查询失败的回调函数	函数
complete	设置查询完成的回调函数	函数

查询成功后的回调参数中会封装文件的大小和摘要信息，如表 7-19 所示。

表 7-19　文件摘要信息中的属性

属 性 名	意　义	值
size	文件尺寸	数值
digest	文件摘要信息	字符串

7.4.3　使用文件管理器

使用文件管理器可以更加灵活地设置存储文件的路径，也可以灵活地进行文件目录分类安排。文件管理器所操作的就是用户文件目录。在小程序中，使用如下方法可以获取全局的文件管理器对象：

```
wx.getFileSystemManager
```

文件管理器对象中封装了大量的文件操作方法，如表 7-20 所示。

表 7-20　文件管理器方法可配置参数

方 法 名	意　义	参　数

access	判断文件或目录是否存在	{
		path:文件或目录的路径
		success:查询成功的回调，如果文件或目录存在，则会查询成功
		fail:查询失败，文件不存在会回调
		complete:查询完成的回调
		}

appendFile	向文件末尾追加内容	{
		data:追加的数据
		encoding:编码方式，默认 urf8
		path:文件或目录的路径
		success:查询成功的回调，如果文件或目录存在，则会查询成功
		fail:查询失败，文件不存在会回调
		complete:查询完成的回调
		}

saveFile	将临时文件进行持久化存储	{
		tempFilePath:临时文件路径
		filePath:存储文件的路径
		success:查询成功的回调，如果文件或目录存在，则会查询成功
		fail:查询失败，文件不存在会回调
		complete:查询完成的回调
		}

续表

方法名	意义	参数

getSavedFileList	获取已存储的文件列表	{
		success:查询成功的回调，如果文件或目录存在，则会查询成功
		fail:查询失败，文件不存在会回调
		complete:查询完成的回调
		}

removeSavedFile	删除已存储的文件	{
		filePath:文件路径
		success:查询成功的回调，如果文件或目录存在，则会查询成功
		fail:查询失败，文件不存在会回调
		complete:查询完成的回调
		}

copyFile	进行文件复制	{
		srcPath:源文件路径
		destPath:目标文件路径
		success:查询成功的回调，如果文件或目录存在，则会查询成功
		fail:查询失败，文件不存在会回调
		complete:查询完成的回调
		}

getFileInfo	获取文件信息	{
		filePath:文件路径
		success:查询成功的回调，如果文件或目录存在，则会查询成功
		fail:查询失败，文件不存在会回调
		complete:查询完成的回调
		}

mkdir	创建文件目录	{
		dirPath:目录路径
		recursive:是否递归创建不存在的上级目录
		success:查询成功的回调，如果文件或目录存在，则会查询成功
		fail:查询失败，文件不存在会回调
		complete:查询完成的回调
		}

续表

方 法 名	意 义	参 数

readdir	获取目录内文件列表，在成功回调函数的参数中会封装 files 属性，files 属性中会存放当前目录下所有的文件名	{
		dirPath:目录路径
		success:查询成功的回调，如果文件或目录存在，则会查询成功
		fail:查询失败，文件不存在会回调
		complete:查询完成的回调
		}

readFile	读取文件内容	{
		filePath:文件路径
		encoding:编码方式
		success:查询成功的回调，如果文件或目录存在，则会查询成功
		fail:查询失败，文件不存在会回调
		complete:查询完成的回调
		}

rename	进行文件重命名	{
		oldPath:旧路径
		newPath:新路径
		success:查询成功的回调，如果文件或目录存在，则会查询成功
		fail:查询失败，文件不存在会回调
		complete:查询完成的回调
		}

rmdir	删除文件目录	{
		dirPath:目录路径
		recursive:是否递归删除子目录和文件
		success:查询成功的回调，如果文件或目录存在，则会查询成功
		fail:查询失败，文件不存在会回调
		complete:查询完成的回调
		}

stat	获取文件的 stats 数据，用来描述文件的状态，获取成功回调函数的参数中会封装 stats 属性	{
		path:文件路径
		recursive:是否递归获取
		success:查询成功的回调，如果文件或目录存在，则会查询成功
		fail:查询失败，文件不存在会回调
		complete:查询完成的回调
		}

续表

方法名	意义	参数

unlink	删除文件	{
		filePath:要删除的文件路径
		success:查询成功的回调，如果文件或目录存在，则会查询成功
		fail:查询失败，文件不存在会回调
		complete:查询完成的回调
		}

unzip	将压缩文件进行解压缩	{
		zipFilePath:压缩文件路径
		targetPath:解压后的文件路径
		success:查询成功的回调，如果文件或目录存在，则会查询成功
		fail:查询失败，文件不存在会回调
		complete:查询完成的回调
		}

writeFile	进行写文件	{
		filePath:文件路径
		data:写入的数据
		encoding:编码方式
		success:查询成功的回调，如果文件或目录存在，则会查询成功
		fail:查询失败，文件不存在会回调
		complete:查询完成的回调
		}

设置文件编码的 encoding 属性可选值，如表 7-21 所示。

表 7-21　编码方式

encoding 属性可选值
ascii
base64
binary
hex
utf16le
utf8
latin1

需要注意的是，尽管小程序开发框架提供了丰富的文件操作接口，但是不能滥用存储，小程序最重要的特点就在于“小巧”，在设计功能时，要时刻遵循小巧、快捷的原则。

第 8 章

界面交互与动画

本章主要介绍小程序中有关界面交互与动画的相关内容。小程序提供了十分丰富的界面交互接口，如进行系统弹窗、操作导航栏的样式、添加页面的加载与刷新逻辑等。动画也是应用程序开发中非常重要的一个技术，使用动画可以让界面的过渡更加流畅，用户的交互体验也会更加优质。

在小程序中，我们可以直接使用 WXSS 配置动画，也可以使用 Animation 动画对象配置动画。

8.1 系统弹窗

在第 6 章介绍自定义组件时，我们尝试使用自定义组件的方式创建了一个页面弹窗组件。其实，小程序中默认封装了一些系统的弹窗供开发者直接使用，系统不仅提供了弹窗的界面样式，还封装了用户交互逻辑，使用起来非常方便。

在小程序中，弹窗分为 4 种：消息框、对话框、等待提示框、抽屉弹窗。本节将逐一介绍这些弹窗的使用。

8.1.1 消息框

直接调用 wx.showToast 方法可以弹出消息框，消息框通常具有提示用户的作用，其中，可以进行标题与图标的配置，这个方法中可以传入一个配置对象，可配置参数如表 8-1 所示。

表 8-1 wx.showToast 方法可配置参数

属性名	意义	值
title	设置标题	字符串
icon	设置系统默认提供的图标	可选值：success，成功提示图标；loading，等待提示图标；none，不显示图标
image	设置自定义图标的本地路径	字符串
duration	设置消息框显示的时长	数值，单位为 ms
mask	设置是否显示透明图层，用来拦截页面手势	布尔值
success	接口调用成功后的回调函数	函数
fail	接口调用失败后的回调函数	函数
complete	接口调用完成后的回调函数	函数

调用 wx.hideToast 方法可以提前终止消息框的显示。在测试工程中新建一个命名为 modal 的页面，在 modal.wxml 文件中编写如下测试代码：

```
<button bindtap='toast'>Toast 消息框</button>
```

实现 toast 方法，具体如下：

```
toast:function(){
    wx.showToast({
      title: '标题',
      icon:'success',
      duration:2000,
      mask:true,
    })
  }
```

运行代码，效果如图 8-1 所示。

图 8-1　消息框显示样式

8.1.2　对话框

调用 wx.showModal 方法可以弹出一个对话框，对话框除可以用来展示提示信息外，还会提供一些交互按钮供用户操作。wx.showModal 方法的参数为一个配置对象，可配置属性如表 8-2 所示。

表 8-2　wx.showModal 方法可配置属性

属　性　名	意　　义	值
title	设置标题	字符串
content	设置内容	字符串
showCancel	设置是否显示取消按钮	布尔值
cancelText	设置取消按钮显示的文字	字符串
cancelColor	设置取消按钮的文字颜色	颜色字符串
confirmText	设置确定按钮显示的文字	字符串
confirmColor	设置确定按钮的文字颜色	颜色字符串
success	设置接口调用成功的回调函数，当用户操作按钮后，会回调这个属性设置的函数，并将用户操作按钮的情况传递给开发者	函数
fail	设置接口调用失败的回调函数	函数
complete	设置接口调用完成的回调函数	函数

示例代码如下：

```
wx.showModal({
     title: '对话框标题',
     content: '对话框内容',
     showCancel:true,
     cancelText:"取消",
     cancelColor:"#000000",
```

```
    confirmText:"确定",
    confirmColor:"#00ff00",
    success:function(res){
      console.log(res.confirm, res.cancel);
    }
  })
```

运行代码，效果如图 8-2 所示。

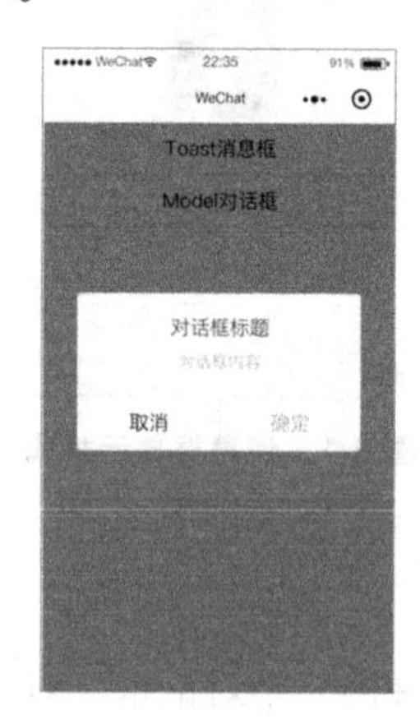

图 8-2　对话框显示样式

当用户单击对话框的任何一个按钮后，对话框自动关闭。

8.1.3　等待提示框

用户在使用应用程序的过程中，很多时候都是需要等待的。例如，在进行网络请求时需要等待服务端数据的返回，在进行大文件加载时需要等待文件下载，等等。使用 wx.showLoading 方法可以在界面上显示一个友好的等待提示框，这个方法的参数对象中可配置属性如表 8-3 所示。

表 8-3　wx.showLoading 方法可配置属性

属 性 名	意 义	值
title	设置标题	字符串
mask	设置是否显示透明图层，用来拦截页面手势	布尔值
success	设置接口调用成功的回调函数	函数
fail	设置接口调用失败的回调函数	函数
complete	设置接口调用完成的回调函数	函数

示例代码如下：

```
loading:function(){
  wx.showLoading({
    title: '请等待',
    mask:false,
  })
```

```
    },
    cancelLoading:function(){
      wx.hideLoading();
    },
```

运行代码，效果如图 8-3 所示。

图 8-3　等待提示框显示样式

需要注意的是，等待提示框不会自动消失，而是需要手动调用 wx.hideLoading 方法才能结束等待提示框的展示。

8.1.4　抽屉弹窗

抽屉弹窗用来为用户提供一组选项供用户选择，在展示上，抽屉弹窗的样式为从页面底部弹出一个选择列表，当用户进行交互后弹窗会自动隐藏。使用 wx.showActionSheet 方法可以弹出抽屉弹窗，其配置对象可配置属性如表 8-4 所示。

表 8-4　wx.showActionSheet 方法可配置属性

属　性　名	意　　义	值
itemList	设置选项列表，最多设置 6 个	字符串数组
itemColor	设置选项的文字颜色	颜色字符串
success	设置成功的回调函数，当用户选择了选项后，会将用户选择的选项下标封装在函数参数的 tapIndex 属性中	函数
fail	接口调用失败的回调函数	函数
complete	接口调用完成的回调函数	函数

示例代码如下：

```
wx.showActionSheet({
  itemList: ["足球","篮球","其他"],
    success:function(res){
      console.log(res.tapIndex);
  }
})
```

运行代码，效果如图 8-4 所示。

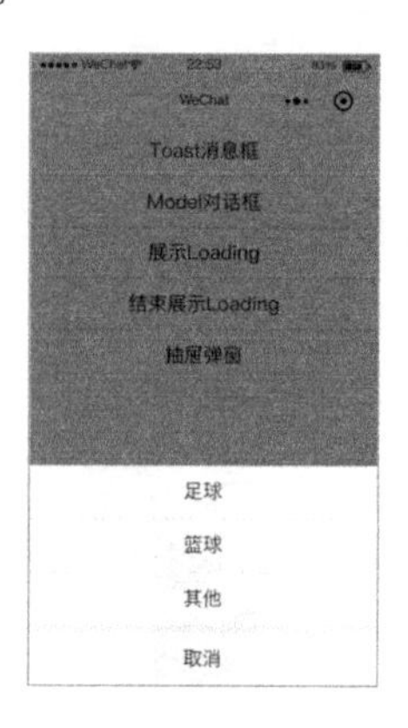

图 8-4　抽屉弹窗显示样式

8.2　操作导航栏与标签栏

在小程序中，导航栏是指页面顶部显示页面标题和返回功能按钮的工具栏，一般页面都会包含导航栏。标签栏是指页面底部用来切换多个平级界面的工具栏。在小程序中，可以通过相关接口直接对导航栏和标签栏进行操作。

8.2.1　使用接口设置导航栏

小程序开发框架中提供了多种方法对页面的导航栏进行设置。通过这些接口可以对导航栏的标题、背景色、前景色等属性进行设置，如表 8-5 所示。

表 8-5　导航配置相关方法

方法名	意义	参数

wx.showNavigationBarLoading	在导航栏上显示加载图标	{
		success:接口调用成功的回调
		fail:接口调用失败的回调
		complete:接口调用完成后的回调
		}

wx.hideNavigationBarLoading	隐藏导航栏上显示的加载图标	{
		success:接口调用成功的回调
		fail:接口调用失败的回调
		complete:接口调用完成后的回调
		}

续表

方法名	意义	参数

wx.setNavigationBarTitle	设置导航栏上的标题	{
		title:标题字符串
		success:接口调用成功的回调
		fail:接口调用失败的回调
		complete:接口调用完成后的回调
		}

wx.setNavigationBarColor	对导航栏颜色进行配置	{
		frontColor:设置前景色，前景色只支持“#000000”或“#ffffff”
		backgroundColor:设置导航栏背景色
		animation:设置动画对象
		success:接口调用成功的回调
		fail:接口调用失败的回调
		complete:接口调用完成后的回调
		}

其中，在配置导航栏背景色时，可以为其设置动画效果，动画对象可配置属性如表 8-6 所示。

表 8-6　导航栏背景色改变动画对象可配置属性

属性名	意义	值
duration	设置动画执行时长	数值，单位为 ms
timingFunc	设置动画运行的时间函数	可选值：linear，线性；easeIn，渐入；easeOut，逐出；easeInOut，渐入渐出

下面通过简单的代码示例演示表 8-6 中列举的方法。新建一个命名为 navigation-bar 的页面，在 navigation-bar.wxml 文件中编写如下代码：

```
<!--pages/navigation-bar/navigation-bar.wxml-->
<button bindtap='show'>显示加载状态</button>
<button bindtap='hide'>取消加载状态</button>
```

上述代码定义了两个功能按钮，分别用来控制导航栏加载图标的显示与隐藏。在 navigation-bar.js 文件中实现 hide()函数和 show()函数，具体如下：

```
  show:function(){
    wx.showNavigationBarLoading();
  },
  hide:function(){
    wx.hideNavigationBarLoading();
  },
  onLoad: function (options) {
    wx.setNavigationBarTitle({
```

```
    title:"你好，小程序"
  });
  wx.setNavigationBarColor({
    frontColor: '#ffffff',
    backgroundColor: '#0000ff',
  })
},
```

运行代码，效果如图 8-5 所示。

图 8-5　对导航栏进行配置

8.2.2　配置标签栏

前面章节已对标签栏的使用进行了介绍。要在应用程序中使用标签栏，需要先在 app.json 文件中进行标签栏的全局配置，具体如下：

```
"tabBar": {
  "list": [
    {
      "pagePath": "pages/index/index",
      "text": "index"
    },
    {
      "pagePath": "pages/switch/switch",
      "text": "switch"
    }
  ]
}
```

标签栏上每个标签对应小程序中的一个页面，单击标签可以进行页面的交换。也可以通过代码动态地对标签栏或标签进行配置。操作标签栏的相关方法如表 8-7 所示。

表 8-7　操作标签栏的相关方法

方 法 名	意 义	参 数

wx.showTabBar	显示标签栏	{
		animation:设置是否需要动画，布尔值
		success:接口调用成功的回调
		fail:接口调用失败的回调
		complete:接口调用完成后的回调
		}

wx.hideTabBar	隐藏标签栏	{
		animation:设置是否需要动画，布尔值
		success:接口调用成功的回调
		fail:接口调用失败的回调
		complete:接口调用完成后的回调
		}

wx.showTabBarRedDot	设置在标签上显示红点	{
		index:要显示红点的标签下标
		success:接口调用成功的回调
		fail:接口调用失败的回调
		complete:接口调用完成后的回调
		}

wx.hideTabBarRedDot	设置在标签上隐藏红点	{
		index:要隐藏红点的标签下标
		success:接口调用成功的回调
		fail:接口调用失败的回调
		complete:接口调用完成后的回调
		}

wx.setTabBarBadge	为某个标签设置徽章信息	{
		text:设置徽章显示的文本
		index:要显示徽章的标签下标
		success:接口调用成功的回调
		fail:接口调用失败的回调
		complete:接口调用完成后的回调
		}

wx.removeTabBarBadge	移出某个标签的徽章信息	{
		index:要移除徽章的标签下标
		success:接口调用成功的回调
		fail:接口调用失败的回调
		complete:接口调用完成后的回调
		}

续表

方 法 名	意 义	参 数

wx.setTabBarItem	对某个标签进行设置	{
		index:要进行配置的标签下标
		text:标签显示的文字
		iconPath:设置标签要显示的图标的路径
		selectedIconPath:设置标签选中状态下显示的图标的路径
		success:接口调用成功的回调
		fail:接口调用失败的回调
		complete:接口调用完成后的回调
		}

wx.setTabBarStyle	对标签栏样式进行配置	{
		color:设置标签的文字颜色
		selectedColor:设置标签选中时的文字颜色
		backgroundColor:设置标签栏背景色
		borderStyle:设置边框风格，可选值为 black 或 white
		success:接口调用成功的回调
		fail:接口调用失败的回调
		complete:接口调用完成后的回调
		}

8.3 页面的下拉刷新与上拉加载

应用程序中往往具有各种各样的列表界面，如社交类应用的消息列表、电商类应用的产品列表、阅读类应用的文章列表等。对于列表页面，在加载时往往采用分页加载技术，即每次加载会加载一部分数据，当用户阅读完全后再拉取新的数据。同样，列表页面一般也会提供刷新功能，可以让用户及时获取到最新的列表数据。

在小程序中，为页面增加下拉刷新与上拉加载功能非常方便。

8.3.1 配置下拉刷新与上拉加载功能

页面要开启下拉刷新功能，只需要在 JSON 配置文件中进行配置即可。如果在 app.json 文件中配置了开启下拉刷新功能，则应用程序中的所有页面都会开启下拉刷新功能，我们也可以单独配置某个页面开启下拉刷新功能。

新建一个命名为 pull-refresh 的页面，在 pull-refresh.json 文件中编写如下代码：

```
{
  "enablePullDownRefresh": true
}
```

如果 enablePullDownRefresh 配置项设置为 true，则会启用页面的下拉刷新功能，默认为 false。运行代码，在页面上进行下拉操作会触发下拉刷新的动画，我们也可以对下拉刷新组件的样式进行配置，如表 8-8 所示。

表 8-8　配置刷新组件样式

方　法　名	意　义	参　数

wx.setBackgroundTextStyle	设置下拉刷新文字颜色风格	{
		textStyle:设置文字风格，可选值为 dart 或 light
		success:接口调用成功回调
		fail:接口调用失败回调
		complete:接口调用完成回调
		}

wx.setBackgroundColor	设置背景颜色	{
		backgroundColor:设置窗口背景色
		backgroundColorTop:设置窗口上部背景色
		backgroundColorBottom:设置窗口下部背景色
		success:接口调用成功回调
		fail:接口调用失败回调
		complete:接口调用完成回调
		}

运行代码，效果如图 8-6 所示。

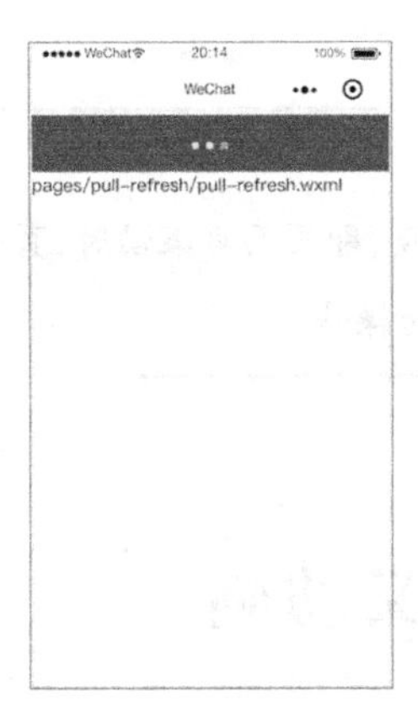

图 8-6　下拉刷新展示效果

用户手动向下滑动界面会触发下拉刷新操作，我们也可以通过代码触发或终止下拉刷新操作，如表 8-9 所示。

表 8-9　控制刷新状态的相关方法

方法名	意义	参数

wx.startPullDownRefresh	代码触发下拉刷新操作	{
		success:接口调用成功回调
		fail:接口调用失败回调
		complete:接口调用完成回调
		}

wx.stopPullDownRefresh	代码触发停止下拉刷新操作	{
		success:接口调用成功回调
		fail:接口调用失败回调
		complete:接口调用完成回调
		}

对于上拉加载功能不需要做额外的配置，当用户上拉到距离页面底部一定距离时会自动触发加载函数，需要使用时直接实现其回调方法即可。

8.3.2　下拉刷新与上拉加载的回调方法

当用户手动触发或程序通过代码触发下拉刷新操作后，系统会回调 onPullDownRefresh()函数，当页面滑动到底部时系统也会回调 onReachBottom()函数，当我们创建页面时，开发工具创建的页面模板中默认添加了两个方法，具体如下：

```
onPullDownRefresh: function () {
    console.log("刷新");
  },
onReachBottom: function () {
    console.log("加载");
},
```

> **注意：**
>
> 只有当页面内容高度大于窗口高度，即页面可滚动时，页面滚动到底部才会触发 onReachBottom 方法，通常在其中进行加载更多数据的操作。

8.4　使用 WXSS 定义动画

合理地使用动画可以使应用程序的用户体验得到提高。在小程序开发中，有两种使用动画的方式：一种是使用 WXSS 进行动画配置；另一种是直接使用小程序中的 Animation 对象进行动画配置。本节主要介绍使用 WXSS 定义动画。

当用户与应用程序进行交互时，通常会产生界面的变化。例如，用户点击某个按钮会影响按钮的背景色，用户的手指滑动操作会使页面元素的位置发生变化，等等。一般情况下，页面的变化都是瞬时完成的，突然的变化往往会使用户产生突兀的感觉，如果配合使用动画，则会使页面变化过渡自然，用户体验也会更加舒适。

8.4.1　定义关键帧

通过 WXSS 定义动画的一种重要方式是定义关键帧。关键帧动画是指在元素变化过程中可以定义几个关键节点，如背景色变化的动画，可以定义几个关键节点的背景色，之后将定义好的关键帧绑定到选择器，将选择器添加到组件上即可触发动画。

在测试工程中新建一个命名为 css-animation 的页面，在 css-animation.wxml 文件中编写如下测试代码：

```
<!--pages/css-animation/css-animation.wxml-->
<view class="{{ori}}"></view>
<button bindtap='move'>移动动画</button>
<button bindtap='color'>背景色动画</button>
```

上面的代码创建了两个功能按钮，这两个功能按钮用于演示元素的位置移动动画和背景色动画，并且都将采用关键帧的方式进行定义。上面的 view 组件是用来演示动画的色块。

在 css-animation.wxss 文件中编写如下代码：

```
/*pages/css-animation/css-animation.wxss*/
.block {
  width: 100rpx;
  height:100rpx;
  background-color: red;
}
.color {
  animation: color-animation 3s;
}
.move {
  animation: move-animation 3s;
}
@keyframes color-animation {
  0%   {background: red;}
  25%  {background: yellow;}
  50%  {background: blue;}
  100% {background: green;}
}
@keyframes move-animation {
  0%   {margin-left: 0rpx;}
  100% {margin-left: 200rpx;}
}
```

@keyframes 是一个关键字，用来定义关键帧动画，其后跟着的字符串为定义的关键帧动画的名称，上面定义了两个关键帧动画，分别命名为 color-animation 和 move-animation。在关键帧的定义中，使用百分比的方式确定关键节点，以 color-animation 关键帧为例，其中定义了当动画开始时背景色为红色，当动画执行到 25%时，背景色完全渐变为黄色，当动画执行到 50%时，背景色完全渐变为蓝色，当动画执行完成时背景色最终渐变为绿色。

创建了关键帧之后，我们还需要将其绑定到指定的选择器上，如上述代码所示，将 color-animation 关键帧绑定到 color 类选择器上，将 move-animation 关键帧绑定到 move 类选择器上，当某个组件需要执行动画时，只需要将其 class 属性设置为绑定了关键帧动画的类即可。

下面在 css-animation.js 文件中实现按钮的绑定函数，具体如下：

```
//pages/css-animation/css-animation.js
Page({
  data:{
    ori:'block',
  },
  move:function(){
    this.setData({
      ori:'move block'
    });
  },
  color:function(){
    this.setData({
      ori: 'color block'
    });
  }
})
```

运行代码，单击相应按钮可以看到色块在页面上的动画效果。

需要注意的是，上面代码对选择器绑定关键帧时，设置的是 animation 属性，这个属性是一个复合的属性，可以拆成多个属性分别进行设置，如表 8-10 所示。

表 8-10　Animation 对象可配置属性

属　性　名	意　　义	值
animation-name	设置要绑定的关键帧名称，即@keyframes 所定义的关键帧名字	关键帧名称
animation-duration	设置动画时长	时长，以 s 结尾表明单位为 s，以 ms 结尾表明单位为 ms
animation-timing-function	设置动画执行的时间速度函数	可选值：linear，线性，即匀速执行；ease，渐进，逐渐加速逐渐减速；ease-in，渐入，即先慢后快；ease-out，渐出，即先快后慢；ease-in-out，渐入渐出

续表

属　性　名	意　　义	值
animation-delay	设置动画延时多久开始执行	与 animation-duration 属性一致
animation-direction	设置动画播放的方向	normal：始终正向播放 alternate：轮流逆向播放
animation-fill-mode	设置动画执行完成后元素的状态	可选值：forwards，保持结束的状态；backwards，保持开始的状态；both，根据动画播放正逆保持

在默认情况下，动画执行完成后，执行动画的元素会还原到原始状态，如果需要元素保持动画执行完成后的状态，设置 animation-fill-mode 属性即可，上面属性的应用实例代码如下：

```
.move {
  animation-iteration-count:3;
  animation-name: move-animation;
  animation-duration: 3s;
  animation-timing-function: ease-in-out;
  animation-delay: 1;
  animation-direction: alternate;
  animation-fill-mode: both;
}
```

8.4.2　组件的形态变换与动画

在对组件的样式进行配置时，可以对组件的形态转换属性 transform 进行设置，使用 transform 属性可以对组件进行平移、旋转、缩放、翻转等形态的变换，并且配合关键帧，组件形态的变换也可以以动画的方式展现。

常用的形态变换方法有平移、旋转、缩放和翻转 4 种，如表 8-11 所示。

表 8-11　transform 相关属性列举

方　法　名	意　　义	参　　数
translate	进行平移变换	第 1 个参数：沿 x 轴平移多少单位 第 2 个参数：沿 y 轴平移多少单位
rotate	进行旋转变换	顺时针旋转角度
scale	进行缩放变换	第 1 个参数：宽度缩放比例 第 2 个参数：高度缩放比例
skew	进行翻转变换	第 1 个参数：按 x 轴旋转角度 第 2 个参数：按 y 轴旋转角度
rotate3d	进行三维旋转	第 1 个参数：x 轴旋转分量 第 2 个参数：y 轴旋转分量 第 3 个参数：z 轴旋转分量 第 4 个参数：旋转角度

在 css-animation.wxml 文件中添加如下测试代码：

```
<button bindtap='translate'>平移</button>
<button bindtap='rotate'>旋转</button>
<button bindtap='scale'>缩放</button>
<button bindtap='skew'>翻转</button>
<button bindtap='rotate3d'>3D 旋转</button>
```

在 css-animation.wxss 文件中编写对应的样式表，并且进行关键帧的定义，具体如下：

```
/*定义平移动画*/
.translate {
  animation: translate-animation 3s;
}
/*定义渲染动画*/
.rotate {
  animation: rotate-animation 3s;
}
/*定义缩放动画*/
.scale {
  animation: scale-animation 3s;
}
/*定义翻转动画*/
.skew {
  animation: skew-animation 3s
}
/*定义三维旋转动画*/
.rotate3d {
  animation: rotate3d-animation 3s;
}
@keyframes color-animation {
  0%   {background: red;}
  25%  {background: yellow;}
  50%  {background: blue;}
  100% {background: green;}
}
@keyframes move-animation {
  0%   {margin-left: 0rpx;}
  100% {margin-left: 200rpx;}
}
@keyframes translate-animation {
  0% {transform: translate(0rpx,0rpx);}
  100% {transform: translate(50rpx,50rpx)}
}
@keyframes rotate-animation {
  0% {transform: rotate(0deg)}
  100% {transform: rotate(45deg)}
}
@keyframes scale-animation {
  0% {transform: scale(1,1)}
```

```
  100% {transform: scale(1.5,1.5)}
}
@keyframes skew-animation {
  0% {transform: skew(0deg,0deg)}
  100% {transform: skew(30deg,30deg)}
}
@keyframes rotate3d-animation {
  0% {transform: rotate3d(0,0,0,0)}
  100% {transform: rotate3d(0,1,0,90deg)}
}
```

在 css-animation.js 文件中实现对应按钮的绑定方法，具体如下：

```
translate(){
  this.setData({
    ori: 'translate block'
  });
},
rotate(){
  this.setData({
    ori: 'rotate block'
  });
},
scale:function(){
  this.setData({
    ori: 'scale block'
  });
},
skew:function(){
  this.setData({
    ori: 'skew block'
  });
},
rotate3d:function(){
  this.setData({
    ori: 'rotate3d block'
  });
}
```

运行上述代码，单击对应的按钮，可以观察组件进行形态变换时的动画效果。

8.4.3　过渡动画

WXSS 中还提供了一种比定义关键帧更加方便的动画定义方式：使用过渡动画。过渡动画只关心组件动画前的状态和组件动画后的状态，之后会自动根据动画时长进行计算，并展示过渡效果。transition 相关属性用来定义过渡动画，先在 css-animation.wxml 文件中添加如下代码：

```
<button bindtap='transition'>过渡</button>
```

然后在 css-animation.wxss 文件中添加如下样式表：

```
.tap-block {
  width: 200rpx;
  height:200rpx;
  background-color: green;
  transition-property: width,background-color,height;
  transition-duration: 3s;
}
```

在上述代码中，transition-property 用来定义要使用过渡动画的属性，如果这些属性发生了变化，则会自动产生动画效果，transition-duration 用来定义动画的时长，在 css-animation.js 文件中实现 transition 方法，具体如下：

```
  transition(){
    this.setData({
      ori:'tap-block'
    });
  }
```

运行上述代码，单击相应测试按钮，可以看到组件尺寸与背景色改变时的过渡动画。过渡动画可配置属性如表 8-12 所示。

表 8-12　过渡动画可配置属性

属　性　名	意　　义	值
transition-property	设置在变化时要进行过渡的属性，用逗号进行分割	属性名
transition-duration	设置动画播放的时长	时间值
transition-timing-function	设置时间速度函数	与关键帧中的相关属性取值一致
transition-delay	设置延时进行过渡动画	时间值

相比关键帧动画，过渡动画的使用更加简单，但是其只能根据动画前后状态进行过渡，无法向关键帧动画那样细致地定义动画执行过程中的每个阶段。在实际开发中，可以根据场景的需要选择要使用的动画技术。

8.4.4　监听动画过程

通过向组件上绑定相应的事件，可以对组件的动画过程进行监听。监听动画执行过程的回调如表 8-13 所示。

表 8-13　监听动画执行过程的回调

属　性　名	意　　义
bindtransitionend	绑定过渡动画执行完成后的回调方法
bindanimationstart	绑定动画开始执行时的回调方法
bindanimationiteration	绑定动画一个阶段完成后的回调方法
bindanimationend	绑定动画执行完成后的回调方法

8.5　使用 Animation 动画对象

Animation 对象允许开发者直接使用 JavaScript 代码配置动画，在使用时，只需要将其绑定在动画的组件上即可。同时，使用 Animation 对象可以十分方便地进行动画的分步执行。

8.5.1　Animation 动画示例

在测试动画的 css-animation.wxml 中新加一个按钮组件，并且为测试色块绑定 animation 属性，具体如下：

```
<!--pages/css-animation/css-animation.wxml-->
<view class="{{ori}}" bindtransitionend="end" animation="{{animationData}}">
</view>
<button bindtap='animation'>Animation 动画</button>
```

使用 Animation 对象配置动画，不需要编写任何 WXSS 代码，在 css-animation.js 文件中实现 animation 方法即可，具体如下：

```
animation:function(){
  var animation = wx.createAnimation({
    duration:3000,
    timingFunction:'linear',
    delay:1000
  });
  animation.rotate(45);
  animation.backgroundColor("#0000ff");
  animation.step({
    duration:2000
  });
  animation.width("400rpx");
  animation.step({
    duration:1000
  });
  this.setData({
    animationData:animation.export()
  });
},
```

上述代码定义了一个分两步执行的动画：第 1 步执行的是背景色与旋转角度改变的动画，第 2 步执行的是宽度改变的动画。需要注意的是，Animation 对象动画还有一个非常强大的特性：当动画执行完成后，组件状态会停留在动画结束时的状态。

在上述示例代码中，wx.createAnimation 方法用来创建一个 Animation 动画对象，其中配置参数用来定义动画的一些配置项，可配置属性如表 8-14 所示。

表 8-14　wx.createAnimation 方法可配置属性

属　性　名	意　　义	值
duration	设置动画时长	数值，单位为 ms
timingFunction	动画的时间速度函数	可选值：linear，线性匀速；ease，逐渐加速，最后变慢；ease-in，先慢后快；ease-in-out，开始慢结束慢，中间快；ease-out，先快后慢
delay	设置动画延迟多久执行	数值，单位为 ms

动画对象中封装了许多函数用来定义动画效果。例如，rotate 方法用来定义旋转动作，width 用来定义宽度改变动作。调用 step()函数表示定义完成当前动画效果的分步动画过程，之后可以继续定义下一步动画，全部定义完成后，可以使用 export 方法将动画数据导出，将导出的动画数据直接绑定到组件的 animation 属性，组件就会执行所定义的动画。

8.5.2　Animation 对象方法

Animation 对象中封装了丰富的方法，可以用来进行动画的定义、分步和导出，如表 8-15 所示。

表 8-15　Animation 对象可调用的方法

方　法　名	意　　义	参　　数
bottom	动画改变组件 bottom 属性的值	尺寸值
height	动画改变组件的高度值	尺寸值
left	动画改变组件的 left 值	尺寸值
opacity	动画改变组件的透明度	数值为 0～1
right	动画改变组件的 right 值	尺寸值
rotate	定义旋转动画	角度值
rotateX	定义沿 *x* 轴旋转动画	角度值
rotateY	定义沿 *y* 轴旋转动画	角度值
rotateZ	定义沿 *z* 轴旋转动画	角度值
rotate3d	定义三维坐标系中的旋转动画	与 transform 的 rotate3d 用法一致
scale	定义缩放动画	x:宽度缩放比例 y:高度缩放比例
scaleX	定义宽度缩放	缩放比例
scaleY	定义高度缩放	缩放比例
skew	定义倾斜动画	x:水平倾斜度 y:垂直倾斜度
skewX	定义 *x* 轴倾斜角度	角度值

续表

方　法　名	意　　义	参　　数
skewY	定义 y 轴倾斜角度	角度值
top	动画改变组件的 top 值	尺寸值
translate	定义平移动画	x:水平平移 y:垂直平移
translateX	定义水平平移动画	尺寸值
translateY	定义垂直平移动画	尺寸值
backgroundColor	定义背景色动画	颜色值
width	动画改变组件的宽度	尺寸值
step	表示一组动画定义完成	动画配置对象，其中，可配置项与创建 wx.createAnimation 方法一致
export	导出动画数据	无

第9章

小程序中的功能接口

小程序具有开发快速、使用便捷等特点。之所以如此，是因为微信小程序开发框架中封装了大量与原生功能相关的功能接口。使用这些接口，开发者可以十分方便地调用获取系统信息、获取用户信息、转发分享等功能。

本章主要介绍小程序开发框架中常用的功能接口，熟练使用这些功能接口可以简化产品开发流程。

9.1　系统信息与更新

在产品开发中，有时需要根据系统的差异做不同的适配工作，这就需要获取系统的相关信息，如设备的系统平台信息、屏幕的宽度和高度信息以及用户权限相关信息等。在小程序开发框架中，可以直接使用 wx.getSystemInfo 方法获取这些系统信息。

小程序的审核与更新流程非常迅速，小程序新版本一旦审核通过上线后，第一次打开这个小程序的用户便可以直接使用最新版本，如果是已经启动过旧版本小程序的用户，则会根据小程序的冷热启动规则选择更新新版本，开发者也可以通过相关功能接口强制用户使用新版本。

9.1.1　获取系统信息

调用 wx.getSystemInfo 方法可以异步获取系统信息，其参数用来设置相关的回调函数，如表 9-1 所示。

表 9-1　wx.getSystemInfo 方法可配置参数

参数名	意义	值
success	设置获取信息成功后的回调函数	函数
fail	设置获取信息失败后的回调函数	函数
complete	设置接口完成后的回调函数	函数

在成功的回调函数中会传入获取的信息对象，其中封装的属性如表 9-2 所示。

表 9-2　系统信息对象中的属性

属性名	意义	值
brand	设备品牌	字符串
model	设备型号	字符串
pixelRatio	设备像素比	数值
screenWidth	屏幕宽度	数值，单位为 px
screenHeight	屏幕高度	数值，单位为 px
windowWidth	窗口宽度	数值，单位为 px
windowHeight	窗口高度	数值，单位为 px
statusBarHeight	状态栏高度	数值，单位为 px
language	微信设置的语言	字符串
version	微信版本号	字符串
system	操作系统及版本	字符串
platform	系统平台类型	字符串

续表

属 性 名	意 义	值
fontSizeSetting	微信中用户设置的字体大小	字符串
SDKVersion	基础库的版本	字符串
benchmarkLevel	设备的性能等级	数值
albumAuthorized	用户是否允许微信使用相册，iOS 有效	布尔值
cameraAuthorized	用户是否允许微信使用相机	布尔值
locationAuthorized	用户是否允许微信使用定位	布尔值
microphoneAuthorized	用户是否允许微信使用麦克风	布尔值
notificationAuthorized	用户是否允许微信开启通知	布尔值
bluetoothEnabled	蓝牙是否可用	布尔值
locationEnabled	地理位置是否可用	布尔值
wifiEnabled	Wi-Fi 网络是否可用	布尔值

与 wx.getSystemInfo 方法对应，wx.getSystemInfoSync 方法用来同步获取系统信息，调用这个方法后会直接返回一个 Object 对象，该对象中封装的属性与表 9-2 列举的一致。

9.1.2 小程序更新机制

小程序的启动分为两种方式，分别是冷启动与热启动。当用户打开过小程序，并且在一定时间内再次打开就会进行热启动，即小程序不会重新启动，而是从后台切换到前台。如果用户是首次打开小程序或小程序被微信关闭后用户再次打开，则会进行冷启动。

如果小程序版本更新，对于热启动则不会进行新版本的加载，对于冷启动，微信会异步下载新版本但是不启动新版本，而是直接启动本地的旧版本小程序，当小程序下次冷启动时才会启动新的版本。我们也可以通过更新管理相关接口强制用户使用新版本。

首先，调用 wx.getUpdateManager 方法可以获取全局的更新管理器 UpdateManager 对象，该对象中封装的方法用来进行更新操作，如表 9-3 所示。

表 9-3 UpdateManager 对象可调用的方法

方 法 名	意 义	参 数
applyUpdate	强制小程序重启并使用新版本	无
onCheckForUpdate	检查更新	函数，其中会将是否有版本更新信息返回，结果中的 hasUpdate 字段表示是否有新版本
onUpdateFailed	设置小程序更新失败后的回调函数	函数
onUpdateReady	设置小程序更新完成后的回调函数，可以在此回调中调用 applyUpdate 方法进行强制更新	函数

9.2　转发与分享

分享是应用程序进行传播的主要途径。尤其是对于小程序，依托微信的巨大用户群，优秀的小程序可以通过分享产生爆炸式的传播。

9.2.1　小程序分享入口

微信小程序目前只支持分享到群或分享给好友，不支持分享到朋友圈，在进行小程序开发时，每个页面都可以支持分享，默认会将当前页面进行截图作为分享的图片素材。

小程序中有两种页面分享方式：一种是用户通过点击页面右上角的“分享”按钮进行页面分享；另一种是开发者可以在页面中自定义分享按钮，当用户点击后进行分享。

在默认情况下，页面都会开启分享功能，点击页面右上角的按钮会弹出一个功能列表，点击其中的“转发”即可将当前页面进行分享。例如，在测试工程中新建一个命名为 share 的页面，分享功能列表如图 9-1 所示。

当用户点击功能列表中的“转发”选项后，会弹出选择好友和分享窗口，同时会生成当前页面分享的样式示例，如图 9-2 所示。

图 9-1　分享功能列表

图 9-2　进行页面分享

除使用页面自带的功能列表进行页面分享外，开发者也可以通过按钮组件的开放功能自定义分享按钮供用户分享使用，示例代码如下：

```
<button open-type='share'>分享</button>
```

点击“分享”按钮后会直接弹出分享弹窗。

> **注意：**
>
> 若要使用页面自带的分享功能，则必须在 JS 文件中实现 onShareAppMessage 方法。当用户进行分享时，首先会调用这个方法，该方法用来对分享的内容进行配置。

9.2.2 分享参数配置

onShareAppMessage 方法用来对分享的内容进行配置，其在被调用时会传入一个对象参数，这个参数中封装的属性如表 9-4 所示。

表 9-4 onShareAppMessage 方法可配置的属性

属 性 名	意 义	值
from	分享的来源	button：页面内的自定义按钮触发的分享 menu：页面右上角按钮触发的分享
target	触发分享的对象	如果是页面内自定义按钮触发的，则此对象为自定义按钮，否则为 undefined
webViewUrl	页面中的网页视图地址	字符串

onShareAppMessage 可以返回一个分享配置对象，其中可配置属性如表 9-5 所示。

表 9-5 分享配置对象可配置属性

属 性 名	意 义	值
title	设置分享的标题	字符串
path	设置页面路径，当用户从分享入口打开小程序时，可以根据这个参数跳转到指定页面	字符串
imageUrl	分享的图片地址	字符串

如果需要关闭页面右上角自带的分享功能，则可以通过调用如下接口进行控制。

隐藏页面自带的分享功能：

```
wx.hideShareMenu
```

开启页面自带的分享功能：

```
wx.showShareMenu
```

9.3 获取微信用户信息

小程序提供了授权信息和登录的接口，如果小程序中有会员系统，则通常需要提供用户登录的功能。小程序开发框架中提供了登录接口，当用户登录完成后会将此次登录的 Session 数据返回开发者，开发者可以通过此 Session 获取更多用户的微信信息。

如果应用只需要使用用户的微信昵称、头像等信息，则不需要登录也可以获取，只要用户授权此小程序使用这些用户信息即可。

9.3.1 关于用户授权

对于关乎用户隐私的功能，在小程序中若要使用需要先获取用户的授权。使用 wx.authorize 方法可以请求用户授权，这个方法中需要传入一个对象参数，对象中可配置属性如表 9-6 所示。

表 9-6　wx.authorize 方法可配置属性

属　性　名	意　　义	值
scope	设置请求权限的范围	字符串，可用值后面会介绍
success	设置用户同意授权的回调函数，在此回调中可以进行所请求权限功能的使用	函数
fail	用户拒绝授权的回调函数	函数
complete	接口调用完成的回调函数	函数

表 9-6 列举的 scope 属性用来设置所要获取的权限类型，不同类型对应不同的功能接口函数，如表 9-7 所示。

表 9-7　需要获取用户授权的权限类型

scope 权限名	意　　义	对应的功能接口
scope.userInfo	获取用户信息的权限	wx.getUserInfo 方法
scope.userLocation	获取地理位置的权限	wx.getLocation 与 wx.chooseLocation 方法
scope.address	获取用户通信地址的权限	wx.choosAddress 方法
scope.invoiceTitle	获取用户发票抬头的权限	wx.chooseInvoiceTitle 方法
scope.invoice	获取用户发票的权限	wx.chooseInvoice 方法
scope.werun	获取用户微信运动步数的权限	wx.getWeRunData 方法
scope.record	获取录音的权限	wx.startRecord 方法
scope.writePhotosAlbum	获取保存图片到相册的权限	wx.saveImageToPhotosAlbum 与 wx.saveVideoToPhotosAlbum 方法
scope.camera	设置使用摄像头的权限	无

注意：

表 9-7 列举的权限类型中，scope.userInfo 在最新的小程序版本中已不可用，可以使用<button open-type="getUserInfo"/>的方式请求用户信息权限，用户必须手动触发按钮进行用户信息的授权，从而防止开发者对用户授权请求的滥用，提升用户体验。

在测试工程中新建一个命名为 user 的页面，在 user.wxml 中编写如下代码：

```
<!--pages/user/user.wxml-->
<button bindtap='requestUserAddress'>请求获取用户地址</button>
```

实现 requestUserAddress 方法，具体如下：

```
requestUserAddress: function () {
    wx.authorize({
      scope: 'scope.address',
      success: function (){
        wx.chooseAddress({
          success: function (res) {
            console.log(res);
          }
        })
      }
    })
  }
```

运行代码，第一次请求使用用户的地址权限时会弹出授权弹窗，如图 9-3 所示，如果用户进行了选择，则之后不会再弹出授权框。

如果用户允许授权，则调用 wx.chooseAddress 方法进入地址选择页面，如图 9-4 所示。

图 9-3　用户权限授权框

图 9-4　用户地址选择页面

9.3.2　获取用户信息

调用 wx.getUserInfo 方法可以获取用户信息，该方法可以设置一个对象参数，对象中可配置的属性如表 9-8 所示。

表 9-8　wx.getUserInfo 方法可配置的属性

属　性　名	意　　义	值
withCredentials	是否带上登录信息	布尔值
lang	设置获取到的用户信息所使用的语言	字符串：en，英文；zh_CN，简体中文；zh_TW，繁体中文
success	设置成功后的回调函数	函数
fail	设置失败后的回调函数	函数
complete	设置接口调用完成的回调函数	函数

在成功的回调中会返回用户信息对象，其中的封装属性如表 9-9 所示。

表 9-9　用户信息对象中的属性

属　性　名	意　　义	值
userInfo	用户信息	对象
rawData	原始数据	字符串
signature	签名信息，用来校验	字符串
encryptedData	包含敏感信息在内的加密数据	字符串
iv	加密算法的初始向量	字符串
cloudID	敏感数据对应的云 ID	字符串

UserInfo 对象中封装了公开的用户信息，其中包含的属性如表 9-10 所示。

表 9-10　用户信息对象中公开信息的相关属性

属　性　名	意　　义	值
gender	用户的性别	0：未知 1：男性 2：女性
country	用户所在国家	字符串
province	用户所在省份	字符串
city	用户所在城市	字符串

9.3.3　进行登录操作

在实际应用中，很多服务场景的使用都需要用户进行登录，在小程序中，整个登录逻辑被封装得非常简单。首先，使用 wx.checkSession 方法检查当前用户的登录状态，该方法可以设置 success 和 fail 等回调。

如果回调的是 fail 属性对象的函数，则表示用户未登录或登录状态过期，然后调用 wx.login 方法进行登录，登录成功后会返回 code 码，code 码是一个临时的用户登录凭证，在后台可以使用 code 码换取用户的 openid 和 session_key 等信息。

一套完整的用户登录逻辑通常需要微信小程序客户端，开发者后台与微信接口服务三方共同完成，流程如下。

（1）由微信小程序客户端调用 wx.login 方法获取临时登录凭证 code 码。

（2）小程序客户端将 code 码发送到开发者服务端。

（3）开发者服务端使用此 code 码加上私钥等向微信服务换取用户的 openid 等信息。

（4）开发者服务器将 openid 与自己体系内的用户相关联，进行登录状态记录，并将体系内的用户凭证 token 返回客户端。

（5）微信小程序客户端将用户的 token 进行缓存，在之后请求中使用此 token 进行鉴权。

9.4 调用微信功能插件

微信是一款功能非常丰富的社交软件，除基础的通信功能外，还有各种生活插件，如微信支付、微信卡券包、微信发票、微信运动等。

9.4.1 使用微信支付

微信支付是日常生活中常见的一种支付方式，有了移动支付，生活更加便捷，在小程序中调用微信支付非常简单。首先，当用户发起购买行为时，需要开发者后台调用微信支付相关接口发起订单，之后只需要将生成的订单的相关数据参数传入小程序中的支付接口发起支付即可，方法如下：

```
wx.requestPayment
```

上述方法需要传入一个对象参数，对象中可配置的属性如表 9-11 所示。

表 9-11 requestPayment 方法可配置的属性

属 性 名	意 义	值
timestamp	时间戳	字符串
nonceStr	加密使用的随机字符串	字符串
package	订单预支付 ID，由服务端通过下单接口获取	字符串
signType	所使用的签名类型	可选值：MD5，HMAC-SHA256
paySign	签名	字符串
success	支付成功后的回调函数	函数
fail	支付失败后的回调函数	函数
complete	接口调用完成后的回调函数	函数

9.4.2 卡券与发票

微信中有卡券功能，用来存放公众号的会员卡和票券。小程序中打通了微信票券的功能，可以在小程序中打开卡券或添加卡券。需要注意的是，只有通过认证的小程序才能使用卡券相关接口，开发者可以在小程序后台提供相关资质证明进行认证。

调用 wx.addCard 方法可以添加一张卡券到微信的卡包，参数对象中可配置的属性如表 9-12 所示。

表 9-12　wx.addCard 方法可配置的属性

属 性 名	意 义	值
cardList	需要添加的卡券列表	对象数组
success	添加成功后的回调函数	函数
fail	添加失败后的回调函数	函数
complete	接口调用完成后的回调函数	函数

表 9-12 列举的 cardList 属性需要设置为卡券对象，可配置的属性如表 9-13 所示。

表 9-13　cardList 对象中可配置的属性

属 性 名	意 义	值
cardId	卡券的 ID	字符串
cardExt	卡券的扩展参数	对象

相应地，调用 wx.openCard 方法可以查看微信卡包中的卡券，其参数与 wx.addCard 方法中的参数一致。

小程序中也提供了查看用户发票的相关接口。需要注意的是，要使用这些接口，当前小程序必须关联一个公众号且此公众号是通过微信认证的，在调用功能接口前，需要先获取用户授权。

wx.chooseInvoiceTitle 方法用来获取用户选择的发票的抬头，其参数对象中可配置获取成功、获取失败和接口调用完成的回调函数，在成功的回调函数中会传入发票抬头信息。wx.chooseInvoiceTitle 方法可配置的属性如表 9-14 所示。

表 9-14　wx.chooseInvoiceTitle 方法可配置的属性

属 性 名	意 义	值
type	抬头类型	字符串：0，单位；1，个人
title	抬头名称	字符串
taxNumber	抬头税号	字符串
companyAddress	单位地址	字符串
telephone	手机号码	字符串
bankName	银行名称	字符串
bankAccount	银行账号	字符串
errMsg	错误信息	字符串

wx.chooseInvoice 方法用来直接选择一个用户发票，发票信息中会封装加密的发票 ID 等信息，可以通过这个 ID 获取发票的报销信息。

9.4.3　获取用户运动数据

调用 wx.getWeRunData 方法可以获取用户的运动步数信息，这个接口只能获取用户在过去 30 天内的运行数据，并且在调用前需要先进行用户登录并获取用户授权。wx.getWeRunData 方法在调用成功的回调函数中会传入用户运动信息的加密数据。使用用户的 Session_key 进行解密后可以得到具体的用户运动数据，其中封装了一个列表，列表中的每一项为如下对象，如表 9-15 所示。

表 9-15　用户微信运动数据对象中的属性

属　性　名	意　　义	值
timestamp	时间戳	数值
step	运动步数	数值

9.5　常用的设备功能接口

小程序开发框架中提供了许多与设备进行交互的功能，如获取网络的相关状态、连接已知的 Wi-Fi 网络、控制屏幕亮度、操作电话与联系人等。在传统的网页开发中，若要调用这些功能十分困难，但在小程序中，我们可以轻松使用。本节主要介绍小程序中常用的与设备相关的功能接口。

9.5.1　网络与 Wi-Fi

在音频、视频或其他需要大量下载数据的应用中，通常需要对使用移动网络的用户进行流量提醒，防止用户由于疏忽而使用太多的流量而造成经济损失。在小程序中，我们可以获取用户的网络状态，也可以监听用户的网络变化，当用户使用的不是 Wi-Fi 网络时，在进行大数据下载前需要对用户进行提示。

调用 wx.getNetworkType 方法用来获取用户当前的网络环境类型，其中可以传入设置常规 success、fail 和 complete 回调的配置对象，在 success 回调的参数中会封装 networkType 属性，其值如表 9-16 所示。

表 9-16　网络类型列举

值	意　　义
wifi	Wi-Fi 网络
2g	2G 网络
3g	3G 网络
4g	4G 网络
unkonw	未知网络类型
none	无网络

使用 wx.onNetworkStatusChange 方法可以监听网络变化，其参数需要设置为一个回调函数，当设备的网络环境发生改变时会被调用，具体如下：

```
wx.onNetworkStatusChange((res)=>{
      this.setData({
        netState: `${res.isConnected}:${res.networkType}`
```

```
        });
    });
```

在回调函数的参数中会封装 isConnected 和 networkType，分别表示当前是否连接网络和网络的类型。

小程序开发框架也提供了一套对 Wi-Fi 进行操作的接口，如表 9-17 所示。

表 9-17　操作 Wi-Fi 的相关方法

方　法　名	意　　义	参　　数

wx.getWifiList	获取 Wi-Fi 列表	常规配置参数
		{
		success:调用成功的回调
		fail:调用失败的回调
		complete:调用完成的回调
		}

wx.onGetWifiList	监听获取到 Wi-Fi 列表后的事件，调用 wx.getWifiList 成功后，会回调这个方法设置的监听函数	监听函数，参数如下：
		{
		wifiList: Wi-Fi 数据列表
		}

wx.getConnectedWifi	获取已经连接的 Wi-Fi 信息	常规配置对象，在 success 回调函数的参数中会封装 wifi 属性，其中为 Wi-Fi 的具体信息
wx.onWifiConnected	设置 Wi-Fi 连接成功后的回调函数	回调函数的参数中会封装 wifi 属性，其中为 Wi-Fi 的具体信息

wx.connectWifi	根据已知的 Wi-Fi 信息直接连接 Wi-Fi	{
		SSID: Wi-Fi 设置的 SSID 号
		BSSID: Wi-Fi 设置的 BSSID 号
		password: Wi-Fi 密码
		success:成功回调
		fail:失败回调
		complete:接口调用完成回调
		}

wx.startWifi	初始化 Wi-Fi 模块	常规配置对象
wx.stopWifi	关闭 Wi-Fi 模块	常规配置对象

需要注意的是，表 9-17 列举的方法都只能在真机上进行测试，模拟器不支持上面方法的调用，具体的 Wi-Fi 数据对象中包含的属性信息如表 9-18 所示。

表 9-18　Wi-Fi 数据对象中包含的属性信息

属　性　名	意　　义	值
SSID	Wi-Fi 的 SSID 码	字符串
BSSID	Wi-Fi 的 BSSID 码	字符串
secure	Wi-Fi 是否安全	布尔值
signalStrength	Wi-Fi 的信号强度	数值

9.5.2 电话与联系人

小程序也支持直接使用接口调用设置的电话功能，示例代码如下：

```
wx.makePhoneCall({
      phoneNumber: '15137348047',
      success:function(){
        console.log("拨打成功");
      },
      fail:function(error){
        console.log(error);
      }
})
```

接口调用后，小程序页面会弹出确认弹窗，在模拟器中会模拟拨打电话操作，如图 9-5 所示。

在 wx.makePhoneCall 方法的配置对象属性中，phoneNumber 用来设置要拨打的电话号码。

与电话功能密切相关的就是联系人通讯录，小程序提供了可以直接添加联系人到手机通讯录的方法，这对一些名片类应用十分重要。调用 wx.addPhoneContact 方法用来向设备的通讯录中添加一个联系人，示例代码如下：

```
wx.addPhoneContact({
      firstName: '珲少',
      remark: '讲师'
})
```

运行代码后，会跳转到具体的联系人添加页面，如图 9-6 所示。

图 9-5　模拟拨打电话操作

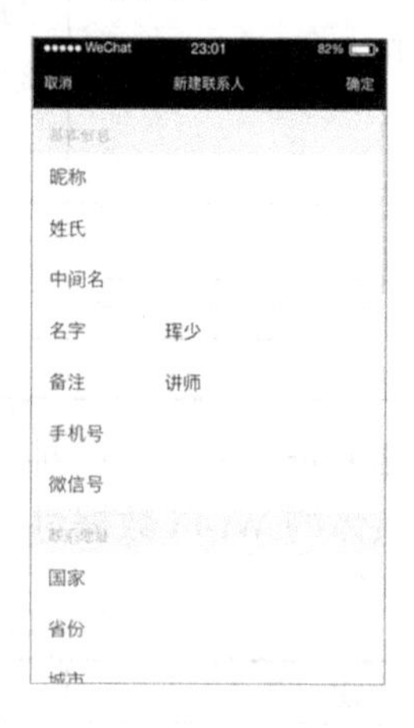

图 9-6　添加联系人页面

wx.addPhoneContact 方法的对象参数中可配置的属性非常多，如表 9-19 所示。

表 9-19　wx.addPhoneContact 方法中可配置的属性

属性名	意义	值
firstName	名字	字符串
photoFilePath	联系人头像的本地文件路径	字符串
nickName	联系人昵称	字符串
lastName	姓氏	字符串
middleName	中间名	字符串
remark	备注信息	字符串
mobilePhoneNumber	手机号	字符串
weChatNumber	微信号	字符串
addressCountry	国家	字符串
addressState	省份	字符串
addressCity	城市	字符串
addressStreet	街道	字符串
addressPostalCode	邮编	字符串
organization	公司	字符串
title	职位	字符串
workFaxNumber	工作传真	字符串
workPhoneNumber	工作电话	字符串
hostNumber	公司电话	字符串
email	电子邮件	字符串
url	网站	字符串
workAddressCountry	公司地址国家	字符串
workAddressState	公司地址省份	字符串
workAddressCity	公司地址城市	字符串
workAddressStreet	公司地址街道	字符串
workAddressPostalCode	公司地址邮编	字符串
homeFaxNumber	住宅传真	字符串
homePhoneNumber	住宅电话	字符串
homeAddressCountry	住宅地址国家	字符串
homeAddressState	住宅地址省份	字符串
homeAddressCity	住宅地址城市	字符串
homeAddressStreet	住宅地址街道	字符串
homeAddressPostalCode	住宅地址邮编	字符串
success	接口成功回调	函数
fail	接口失败回调	函数
complete	接口完成回调	函数

9.5.3 屏幕与电量

关于屏幕，开发者通常需要关注两个方面：设备方向与亮度。同时，亮度也是影响设备耗电速度的重要因素。小程序开发框架中提供了一些与屏幕相关的设备功能接口，使用过程很简单，如表 9-20 所示。

表 9-20　与设备屏幕相关的方法

方法名	意义	参数

wx.setScreenBrightness	设置屏幕的亮度	{
		value:设置亮度为 0～1
		success:设置成功回调
		fail:设置失败回调
		complete:设置完成回调
		}

wx.getScreenBrightness	获取当前屏幕的亮度	常规配置参数：在 success 成功回调的参数中会封装 value 属性表示亮度
wx.setKeepScreenOn	设置屏幕是否保持常亮，某些视频播放类应用通常会使用到这个方法，需要注意的是，只在当前小程序内有效	{ keepScreenOn:是否保持常亮，布尔值 success:设置成功回调 fail:设置失败回调 complete:设置完成回调 {
wx.onUserCaptureScreen	设置用户截屏的监听	函数

关于设置的方向，可以通过表 9-21 所示的 3 种方法进行监听或取消监听。

表 9-21　与监听设备方向相关的方法列举

方法名	意义	参数

wx.startDeviceMotionListening	开始进行设备方向变化的监听	{
		interval:设置监听回调的频率，可选值为 game、ui 和 normal，其中，game 的更新频率最快，normal 的更新频率最慢
		success:设置成功回调
		fail:设置失败回调
		complete:设置完成回调
		}

wx.stopDeviceMotionListening	停止进行设备方向变化的监听	常规配置参数

wx.onDeviceMotionChange	设置设备方向发生变化时的回调	回调函数，参数对象中的属性如下：
		{
		alpha:设备屏幕的 z 轴角度
		beta:设备屏幕的 x 轴角度
		gamma:设备屏幕的 y 轴角度
		}

使用如下方法可以获取当前设备的电量信息：

```
wx.getBatteryInfoSyn
```

这是一种同步的方法，会直接返回设备的电量信息对象，对象中封装的属性如表 9-22 所示。

表 9-22　电量信息对象中封装的属性

属性名	意义	值
level	设备的电量	字符串，0～100
isCharging	设备是否正在充电	布尔值

9.5.4　振动与扫码

应用对用户的反馈除了视觉上的，就是听觉与触觉，振动是非常重要的一种触觉反馈方式，小程序开发框架中提供了两种调用设备振动模块的方法，如表 9-23 所示。

表 9-23　触发设备振动的方法

方法名	意义	参数
wx.vibrateShort	进行短振动	常规配置参数
wx.vibrateLong	进行长振动	常规配置参数

> **注意：**
>
> 短振动的方法在 iPhone 7 及以上的设备上才可用。

扫描二维码是目前日常生活中常见的一种功能。微信小程序开发框架提供了封装好的扫码方法，并且支持的条码类型非常丰富。

调用 wx.scanCode 方法会默认调起微信中的扫码界面进行条码的扫描，其参数为配置对象，可配置的属性如表 9-24 所示。

表 9-24　wx.scanCode 方法中可配置的属性

属性名	意义	值
onlyFromCamera	是否只允许使用相机进行扫码，不允许从相册选择	布尔值
scanType	设置支持的条码类型	字符串数组
success	扫码成功的回调函数	函数
fail	扫码失败的回调函数	函数
complete	接口调用完成的回调函数	函数

可支持的条码类型如表 9-25 所示。

表 9-25　条码类型

条码类型	意义
barCode	一维码
qrCode	二维码
datamatrix	Data Matrix 码
pdf417	PDF417 条码

扫码成功的回调参数中会封装条码的内容数据。条码扫描结果对象中的属性如表 9-26 所示。

表 9-26　条码扫描结果对象中的属性

属性名	意义	值
result	条码内容	字符串
scanType	条码类型	字符串
charSet	所使用的字符集	字符串
path	小程序二维码路径，当扫描的二维码为小程序码时有效	字符串
rawData	原始数据，base64 编码	字符串

第 10 章

小程序全栈开发——使用云开发

一款完整的应用程序通常需要服务端与客户端配合开发。服务端用来提供数据与核心业务逻辑支持，客户端用来提供用户界面与用户交互。因此，客户端在很大程度上依赖于服务端提供的支持。

小程序将客户端的开发难度进行了极致的简化，并且提供了云开发的方式来代替传统的服务端，为小程序客户端提供后端服务支持。使用云开发，开发者无须自己搭建服务器即可使用云端函数执行逻辑代码，并且可以使用云端数据库进行存储服务。本章主要介绍小程序中的云开发功能，运用云开发技术可以从后端到前端开发一款完整的小程序应用。

10.1 云开发配置

我们之前创建的小程序应用并没有云开发的功能。开启云开发需要先做一些简单的配置。

10.1.1 开通云开发

使用小程序云开发之前，用户需要先开通云开发功能。以之前的测试项目为例，在微信开发者工具的菜单栏找到“云开发”选项，单击进入云开发工作台，如图 10-1 所示。

图 10-1 开通云开发

如果当前小程序并未开通云开发，则需要先同意微信的开发者服务条款，并且进行云开发环境的创建，如图 10-2 所示。

每个小程序账号可以免费创建两个云开发环境，作为学习使用，我们使用默认的基础版本的配置就已经足够，并且基础版本也是可以免费使用的。

一款小程序可以免费创建两个云开发环境，各个开发环境完全独立，即拥有独立的数据库、存储能力等。在一般情况下，我们可以将创建的两个云开发环境，一个作为测试环境使用，一个作为正式环境使用。

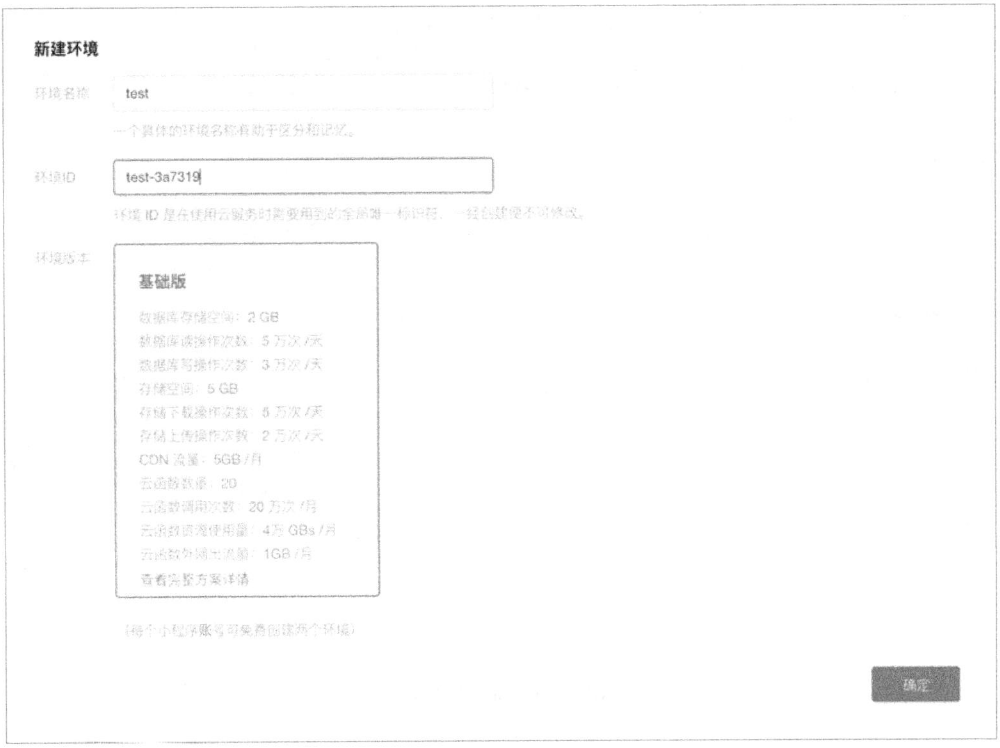

新建环境

环境名称　test

一个具体的环境名称有助于区分和记忆。

环境ID　test-3a7319

环境 ID 是在使用云服务时需要用到的全局唯一标识符，一经创建便不可修改。

环境版本

基础版

数据库存储空间：2 GB
数据库读操作次数：5 万次 / 天
数据库写操作次数：3 万次 / 天
存储空间：5 GB
存储下载操作次数：5 万次 / 天
存储上传操作次数：2 万次 / 天
CDN 流量：5GB / 月
云函数数量：20
云函数调用次数：20 万次 / 月
云函数资源使用量：4万 GBs / 月
云函数外网出流量：1GB / 月
查看完整方案详情

（每个小程序账号可免费创建两个环境）

确定

图 10-2　云开发环境的创建

10.1.2　云开发控制台简介

开通云开发并创建好环境后，可以直接进入云开发控制台，如图 10-3 所示。

云开发控制台主要提供 6 个功能：概览、用户管理、数据库、存储管理、云函数和统计分析。

概览用来查看云开发控制台数据的使用量，即当日活跃人数和接口调用次数相关数据。

用户管理用来查看小程序的用户信息，云开发与微信小程序的私有协议具有天然的鉴权特性，使用云开发可以更加简便地调用需要鉴权的小程序开放接口。

数据库用来查看和管理云数据库中的数据，除支持基础的增、删、改、查等数据操作外，还可以进行数据库访问权限的管理。

存储管理提供了云端的文件储存功能，可以在存储管理界面查看当前空间的使用情况，也可以对云端的文件进行管理。

云函数，顾名思义，就是运行在云端的函数，其更像传统后端接口服务中的功能接口，在云函数页面可以进行云函数的创建、管理、配置和监控。

统计分析功能是一个复合的统计工具，在这个页面中可以查看云开发资源的具体使用情况。

图 10-3　云开发后台

10.2　使用云端数据库

云开发提供了一个云端的 JSON 数据库供开发者使用。所谓 JSON 数据库，是指数据库中的每一条数据记录都是 JSON 对象。相较于传统的关系型数据库，JSON 数据库更加轻便，使用也更加方便。

10.2.1　在控制台使用数据库

开发测试工程，进入云开发控制台。之前我们没有添加任何数据，当前数据库完全是空的，在控制台可以直接向数据库中添加数据。

先新建一个数据集合，数据集合类似于一个 JSON 数组，一般情况下，里面会存放一系列字段相同的 JSON 对象。例如，可以创建一个命名为 teachers 的数据集合，里面用来存放教师信息。创建数据集合完成后，在云开发控制台可以对当前集合进行数据管理、索引管理和权限设置。

在记录列表中可以进行数据的查看和操作，可以添加数据、编辑数据，也可以删除数据。可以先添加一条数据，配置完成需要的 JSON 字段后，再在数据库中加入一条记录，如图 10-4 所示。

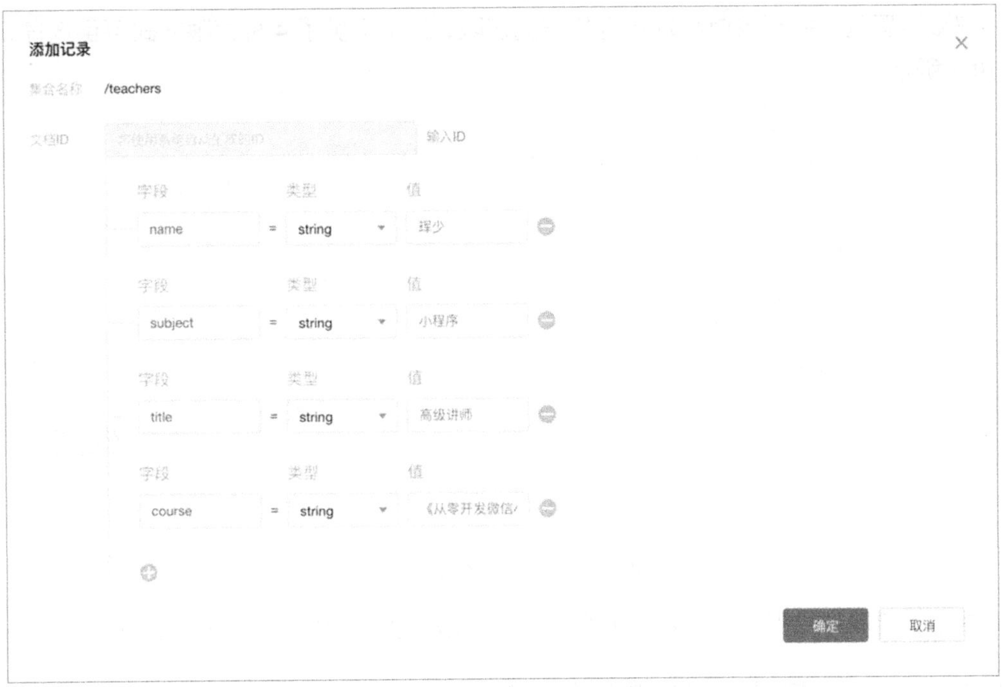

图 10-4　在数据库中添加记录

> **注意：**
> 针对每一条记录，默认都会生成一个名为"_id"的字段，这个字段是当前集合中数据的主键，唯一且不可编辑。

云开发中的 JSON 数据库支持表 10-1 中列举的数据类型。

表 10-1　JSON 数据库支持的数据类型

类　型　名	意　　义	备　　注
String	字符串类型	无
Number	数值类型	无
Object	JSON 对象类型	无
Array	JSON 数组类型	无
Bool	布尔类型	无
GeoPoint	地理位置类型	这是一个特殊的数据类型，其中定义了坐标点，即各种绘制覆盖物集合
Date	时间类型	JavaScript 的时间对象
Null	空类型	无

使用索引是提高数据库性能的一种重要方式，在索引管理中，可以将需要进行查询的字段设置为索引，这样可以极大地加快查询速度，提高客户端的使用体验。

权限设置用来控制当前数据集合的访问权限，默认提供了 4 种权限方式可供选择，如图 10-5 所示。

图 10-5　数据集合权限管理

其中，不同的权限适用于不同的数据集合，越私密的数据，其权限设置应越高。

10.2.2　在小程序中调用数据库

云开发服务中提供的数据库有两种方式可以访问：一种是通过云函数进行访问，另一种是直接在小程序中进行访问。在测试工程中新建一个命名为 database 的页面，在 database.wxml 文件中编写如下代码：

```
<!--pages/database/database.wxml-->
<button bindtap='insert'>插入一条数据</button>
```

实现 insert()函数，具体如下：

```
insert: function () {
  //初始化云开发环境
  wx.cloud.init({
    env:'test-3a7319'
  });
  //获取数据库索引
  let db = wx.cloud.database();
  //获取数据集合
  let teachers = db.collection('teachers');
  //添加一条数据
  let teacher1 = teachers.add({
    data:{
      name:'Lucy',
      subject:'JavaScript',
      course:'《现代 JavaScript 编程》',
      title:'讲师助理'
    },
```

```
      success:function(){
        console.log("插入成功");
      },
      fail:function(error){
        console.log("插入失败",error);
      },
      complete:function(){
        console.log("插入完成");
      }
    });
  }
```

①注意：

在初始化云开发环境时需要设置要使用的环境，env 字段对应的是云开发控制台中具体环境的 ID。

运行代码，如果插入数据成功，则在云开发控制台的数据库中可以看到由小程序端插入的数据，如图 10-6 所示。

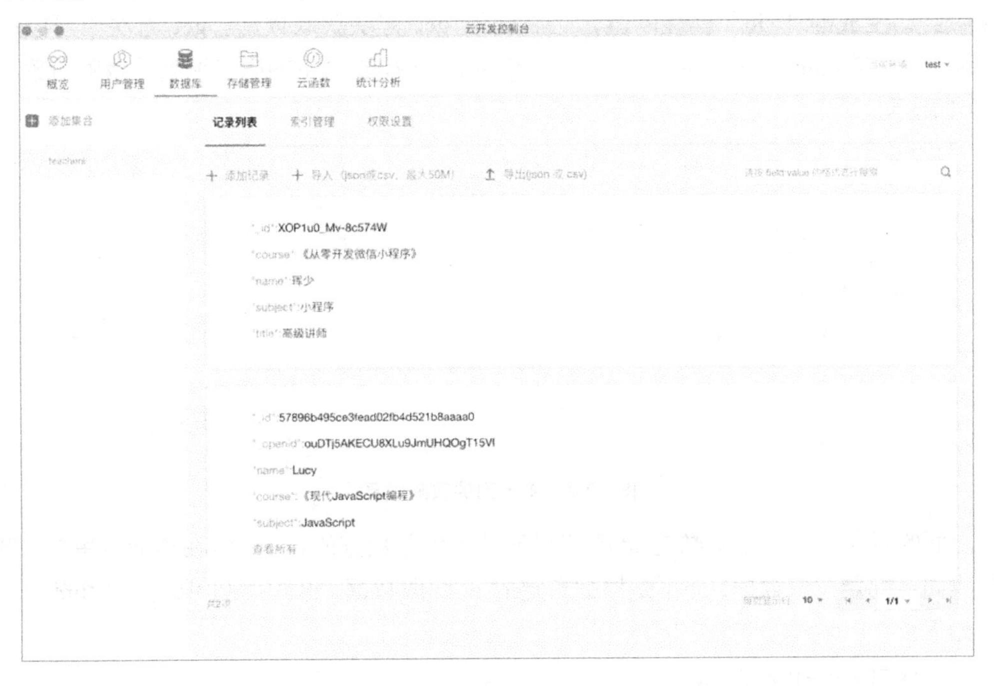

图 10-6　小程序端操作云数据库

10.2.3　在小程序中进行数据查询操作

小程序的云数据库提供了丰富的查询数据的方法。需要注意的是，进行数据查询时需要保证用户对此条数据有读的权限。以 10.2.2 节创建的教师集合为例，我们可以在测试页面中再加一个功能按钮，为其绑定 search 方法，实现代码如下：

```
search: function () {
    //初始化云开发环境
    wx.cloud.init({
      env: 'test-3a7319'
    });
    //获取数据库索引
    let db = wx.cloud.database();
    //获取数据集合
    let teachers = db.collection('teachers');
    teachers.doc("XOP1u0_Mv-8c574W").get({
      success:function(res) {
        console.log(res.data);
      },
      fail:function(error){
        console.log(error);
      }
    });
}
```

调用数据库集合的 doc 方法用来查询一条数据，其中需要传入数据的 id 值，即在数据库中自动生成的“_id”属性的值，之后调用 get 方法获取数据。get 方法中可以配置 success、fail 和 complete 回调。运行上面的代码，在控制台将输出查询到的教师对象，如图 10-7 所示。

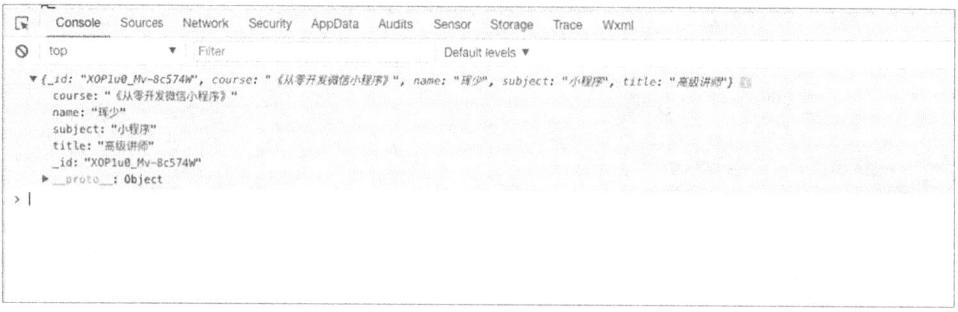

图 10-7　查询到的教师对象

上面的示例代码在已知数据 id 的情况下进行单条数据的查询，但在实际应用中，更多时候我们会批量拉取数据，而不是根据指定的 id 获取数据，这时我们可以使用 limit 方法，具体如下：

```
    //获取集合中的数据总数
    teachers.count({
      success:function(res){
        console.log(res.total);
        //批量查询
        teachers.limit(res.total).get({
          success:function(res){
```

```
            console.log(res.data);
          }
        });
      }
});
```

①注意：

在小程序端，limit 方法一次最多可以获取 20 条数据，对于大批量数据，需要采用分页的方式进行获取，这样也保证了数据的获取速度，提高用户体验。

在查询数据时，也可以指定查询条件。例如，我们要查询所有“subject”属性为“小程序”的教师对象，可以这样查询：

```
teachers.count({
      success:function(res){
        console.log(res.total);
        //批量查询
        teachers.limit(res.total).where({
          subject:"小程序"
        }).get({
          success:function(res){
            console.log(res.data);
          }
        });
      }
});
```

上述代码采用精准匹配的方式进行查询，所有“subject”属性为“小程序”的数据都会被查询出来，云数据库也提供了一系列用来进行数据查询的指令。上述代码还可以改写成如下样式：

```
teachers.count({
      success:function(res){
        console.log(res.total);
        //批量查询
        teachers.limit(res.total).where({
          subject:db.command.eq("小程序")
        }).get({
          success:function(res){
            console.log(res.data);
          }
        });
      }
});
```

db.command.eq 指令用来进行相等匹配。数据库匹配操作的相关指令如表 10-2 所示。

表 10-2　数据库匹配操作的相关指令

指　令　名	意　　义
eq	等于
neq	不等于
lt	小于
lte	小于或等于
gt	大于
gte	大于或等于
in	数组包含
nin	数组不包含

也可以使用逻辑指令组合使用多个匹配指定，具体如下：

```
db.command.eq("小程序").or(db.command.eq("JavaScript"))
```

上述代码的意义是对两个条件进行匹配，命中其中有一个条件的数据就会被查询出来。数据库逻辑操作的相关指令如表 10-3 所示。

表 10-3　数据库逻辑操作的相关指令

指　令　名	意　　义
and	逻辑与条件
or	逻辑或条件

10.2.4　数据的更新与删除

前面已经介绍了在小程序端对云数据库中的数据进行插入和查找，本节主要介绍数据的更新与删除。

更新与删除操作较为敏感，在云数据库中，最低的权限也只允许管理员和数据的创建者对数据进行更改或删除。

在小程序端，更新云数据库中的数据有两种方式：一种是局部更新数据对象中的某些字段，另一种是完全替换更新某个数据对象。

使用 update 方法可以对某个数据对象的局部属性进行更新，示例代码如下：

```
update:function(){
    wx.cloud.init({
      env: 'test-3a7319'
    });
    //获取数据库索引
    let db = wx.cloud.database();
    //获取数据集合
    let teachers = db.collection('teachers');
    teachers.doc("57896b495ce3fead02fb4d521b8aaaa0").update({
      data:{
        name:"Lili"
```

```
        },
        success:function(){
          console.log("更新数据成功");
        }
      });
}
```

在小程序端，只有自己创建的数据才有权限进行更新。更新成功后，在云开发后台可以看到数据库中已经更新的数据，如图 10-8 所示。

"_id":57896b495ce3fead02fb4d521b8aaaa0
"_openid":ouDTj5AKECU8XLu9JmUHQOgT15VI
"name":Lucy
"course":《现代JavaScript编程》
"subject":JavaScript
查看所有

图 10-8　云数据库中更新后的数据

也可以使用 set 方法将一个数据对象整体进行重设，示例代码如下：

```
teachers.doc("57896b495ce3fead02fb4d521b8aaaa0").set({
      data:{
        name:"Lucy",
        course:"《Swift 从入门到精通》",
        title:"作家",
        subject:"Swift"
      }
});
```

set 方法除不会改变数据对象的 ID 外，其他未设置的字段都将被清空。

删除数据也是非常重要的一个操作。在小程序端，同样只有用户创建的数据才有权限删除，调用 remove 方法即可，示例代码如下：

```
remove:function(){
    wx.cloud.init({
      env: 'test-3a7319'
    });
    //获取数据库索引
    let db = wx.cloud.database();
    //获取数据集合
    let teachers = db.collection('teachers');
    teachers.doc("57896b495ce3fead02fb4d521b8aaaa0").remove({
      success:function(){
        console.log("删除成功");
      }
    });
}
```

> ①**注意：**
>
> 删除数据后，数据会直接从云数据库中移出，在云开发后台也无法进行恢复，因此删除操作要谨慎使用。更多时候，我们会在数据对象中添加一个字段标识其是否可用，如果用户进行了删除操作，实际上是将其设置为不可用，这样会更加安全。

10.3 使用云存储

小程序云开发中的云存储功能提供了一定容量的存储空间可供使用，支持对文件进行上传、删除、下载、搜索等操作。在小程序中，image、audio 等组件也支持直接通过云文件的 ID 加载数据。

10.3.1 存储管理后台

在云开发控制台的存储管理模块，我们可以对云文件进行管理，可以添加和删除文件，也可以创建文件夹对文件进行管理，如图 10-9 所示。

图 10-9 在云存储后台进行文件管理

在文件的详情中，可以进行文件的预览和文件信息的查询，可以查看文件的名称、大小、类型、上传者、存储位置和下载地址。

在云开发控制台也可以对文件的访问权限进行配置，如图 10-10 所示。

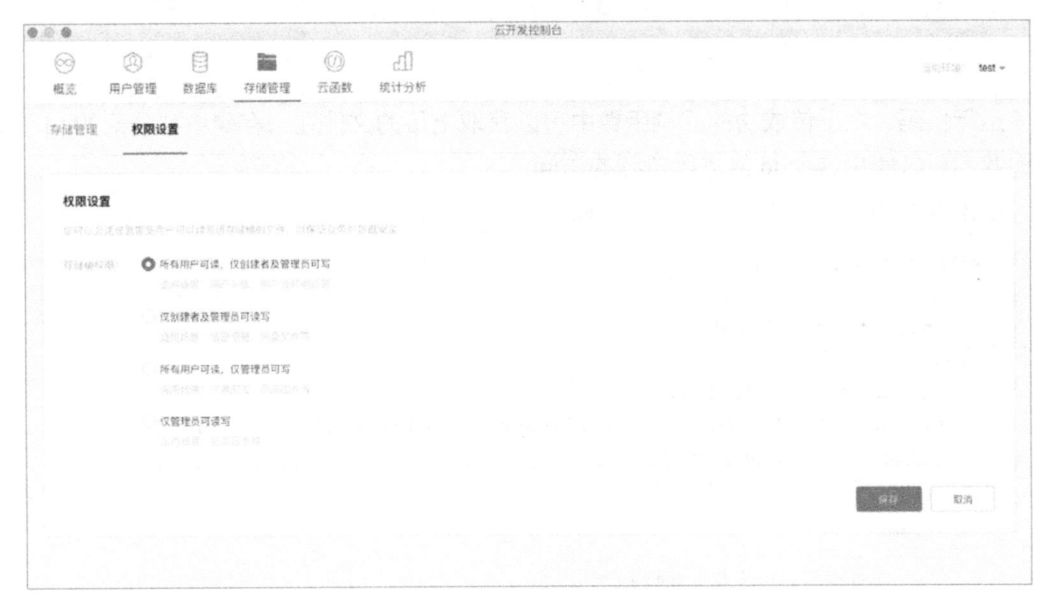

图 10-10　设置文件的访问权限

在一般情况下，我们可以将文件的访问权限设置为所有用户可读，仅创建者和管理员可写即可。

10.3.2　在小程序端操作云文件

与云数据库类似，在小程序端也可以通过接口对云存储功能进行调用，如可以在小程序端进行文件的上传或访问。

下面的代码演示了用户在应用中选择图片并上传到云存储中：

```
upload:function() {
    wx.cloud.init({
      env: 'test-3a7319'
    });
    wx.chooseImage({
      success: function(res) {
        wx.cloud.uploadFile({
          cloudPath: "img2.png",
          filePath: res.tempFilePaths[0],
          success: function (res) {
            console.log("上传成功");
            console.log(res.fileID);
          },
          fail: function () {
            console.log("上传失败");
          }
```

```
        });
      },
    })
  }
```

运行代码，在上传成功的回调函数中可以获取上传的文件在云存储中被分配的 id 值，后面我们可以使用这个 id 值进行资源的访问。

使用下面的示例方法可以进行云存储文件的下载：

```
download:function(){
    wx.cloud.init({
      env: 'test-3a7319'
    });
    wx.cloud.downloadFile({
      fileID:"cloud://test-3a7319.7465-test-3a7319-1259274188/img2.png",
      success:function(res){
        console.log(res.tempFilePath);
      },
      fail:function(){
        console.log("下载失败");
      }
    });
  }
```

> **注意：**
>
> 下载成功后得到的是一个临时的文件路径，如果要持久化进行存储，那么需要配合使用持久化数据技术。

对于图片文件，小程序中的 image 组件也支持直接通过云储存 ID 进行加载，具体如下：

```
<image src='cloud://test-3a7319.7465-test-3a7319-1259274188/img2.png'> </image>
```

小程序中也提供了接口对云存储的文件进行删除，具体如下：

```
delete:function() {
    wx.cloud.init({
      env: 'test-3a7319'
    });
    wx.cloud.deleteFile({
      fileList: ["cloud://test-3a7319.7465-test-3a7319/img2.png"],
      success:function(){
        console.log("删除成功");
      }
    });
  }
```

> **注意：**
>
> 只有文件的上传者才有权限对文件进行删除。

10.4　云函数

云函数是小程序云开发中的另一项重要功能。云函数，通俗来说，便是运行在云端的函数，可以代替客户端执行一些后台逻辑，如数据的查询、过滤、登录信息的记录等。

10.4.1　使用云函数

先在小程序工程的根目录下创建一个命名为 cloud 的目录，可以将这个目录作为云函数目录，在 project.config.json 文件中添加如下配置项：

```
"cloudfunctionRoot": "cloud/",
```

上面配置项的意义是将根目录下的 cloud 目录作为云函数的开发目录，配置完成后，微信开发者工具会自动将这个目录的图标替换为云函数目录图标，如图 10-11 所示。

behaviors
cloud | test
hello
components
custom-alert

```
1  {
2    "description": "项目配置文件",
3    "packOptions": {
4      "ignore": []
5    },
6    "cloudfunctionRoot": "cloud/",
```

图 10-11　配置云函数开发目录

云函数文件夹和普通文件夹具有本质上的区别，在其上右击，在弹出的快捷菜单中可以对云函数进行配置，如图 10-12 所示。

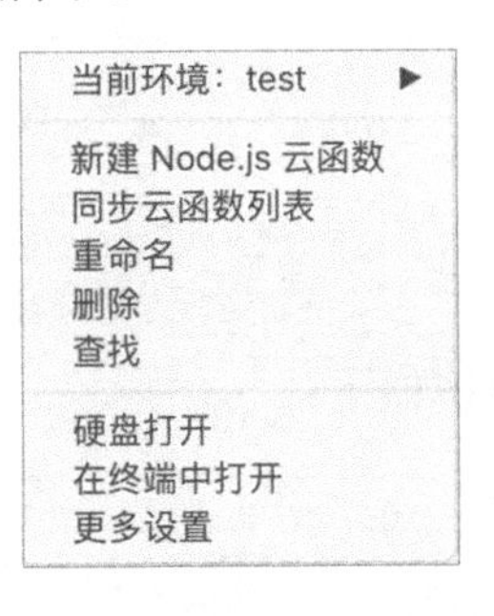

图 10-12　对当前项目的云函数进行配置

不同云开发环境的云函数是不同的，在这里可以对开发环境进行切换，也可以新建和同步云函数。

可以创建一个命名为 hello 的云函数，新建完成后，在 cloud 文件夹下会生成一个命名为 hello 的目录，这个目录就是云函数目录，会自动生成 index.js 与 package.json 两个文件。package.json 是云函数的配置文件，云函数的主要运行逻辑是在 index.js 文件中编写的。

修改 index.js 文件中的代码，具体如下：

```
//云函数入口文件
const cloud = require('wx-server-sdk')
//云开发初始化
cloud.init()
//云函数入口函数
exports.main = async (event, context) => {
  //当前环境上下文
  const wxContext = cloud.getWXContext()
  //将数据返回客户端
  return {
    data:"HelloWorld",
    openid: wxContext.OPENID,
    appid: wxContext.APPID,
    unionid: wxContext.UNIONID,
  }
}
```

上面的云函数没有额外的逻辑，只是作为测试，将"HelloWorld"字符串作为数据返回客户端。云函数编写完成后，我们需要将其部署到云端，在 hello 云函数上右击，选择上传并部署。等待部署完成后，我们就可以在小程序客户端进行云函数的调用。

在小程序中调用云函数也非常容易，需要先在测试工程中新建一个命名为 cloud 的测试页面，在 cloud.wxml 文件中添加一个功能按钮，具体如下：

```
<!--pages/cloud/cloud.wxml-->
<button bindtap='callCloudFunc'>调用云函数</button>
```

在 cloud.js 文件中实现 onLoad 方法，具体如下：

```
onLoad: function (options) {
    wx.cloud.init({
      env:"test-3a7319"
    });
  },
```

实现 callCloudFunc()函数，具体如下：

```
callCloudFunc: function() {
    wx.cloud.callFunction({
      name:"hello",
      success:function(res){
        console.log(res);
      },
      fail:function(error) {
        console.log(error);
      }
    });
  }
```

如上述代码所示，调用 wx.cloud.callFunction()函数可以进行云函数的调用，其中，name 属性用来指定要调用的云函数名称，在 success 的回调中会将云函数的返回数据包装进行返回。

其实，云函数的作用和传统应用开发中后端接口的作用类似，在实际开发中，我们可以将敏感的数据操作和复杂的数据逻辑都编写为云函数，为客户端提供支持。这样不仅可以增强数据的安全性，还可以在不重新发布小程序版本的情况下修改云函数中的逻辑。

10.4.2　进行参数传递

在客户端调用云函数时，也可以传递参数给云函数，将其封装在 data 属性中即可，示例代码如下：

```
callCloudFunc: function() {
  wx.cloud.callFunction({
    name:"hello",
    data:{
      name:"小李",
      age:24
    },
    success:function(res){
      console.log(res);
    },
    fail:function(error) {
      console.log(error);
    }
  });
}
```

修改 hello 云函数，具体如下：

```
exports.main = async (event, context) => {
  console.log("参数",event);
  const wxContext = cloud.getWXContext()
  return {
    data:"HelloWorld",
    openid: wxContext.OPENID,
    appid: wxContext.APPID,
    unionid: wxContext.UNIONID,
  }
}
```

其中，event 参数中会封装客户端调用云函数时传递的参数，同时会将调用者的 openid 等信息传递进来。上面的示例代码只是将 event 参数进行了打印，并没有做任何逻辑，因此在客户端调用云函数的过程中看不出参数的传递是否成功，我们可以在云函数后台查看云函数调用日志，日志中会将打印信息进行记录。

在云开发后台的云函数模块可以对云函数进行配置，也可以查看云函数的日志与调用情况，如图 10-13 所示。

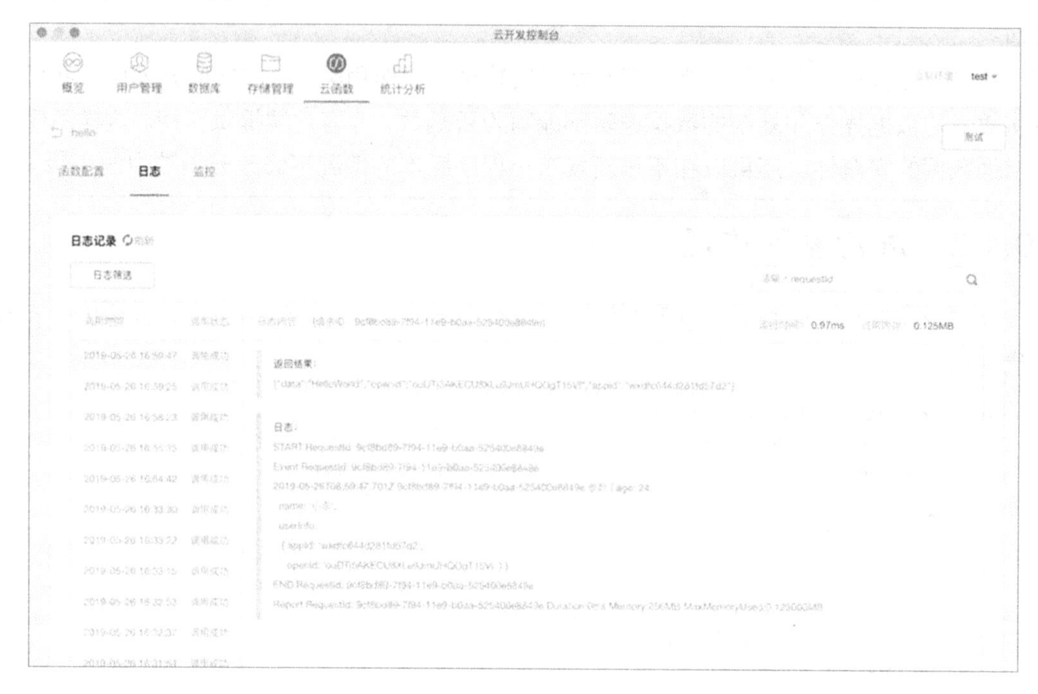

图 10-13　云函数后台

在日志列表中我们可以查看云函数的调用是否成功，在日志记录中可以查看云函数的打印信息，也可以查看最新的调用，并通过 event 参数的打印数据判断客户端的传参是否成功。

> **注意：**
>
> 每次对云函数进行修改，都需要重新部署到云端。

10.4.3　异步执行的云函数

在大多数情况下，云函数的作用都是代替客户端进行数据的操作，数据的操作往往都是异步进行的，因此很多时候云函数也需要异步执行和返回数据。对于需要异步执行的云函数，我们只需要返回一个 Promise 承诺对象即可，示例代码如下：

```
exports.main = async (event, context) => {
  return new Promise((resolve, reject) => {
    setInterval(function () {
      resolve(`姓名: ${event.name},年龄: ${event.age}`);
    }, 3000);
  })
}
```

客户端的调用代码保持不变，如果 Promise 执行成功，调用了 resolve 回调，则客户端会调用 success 回调；如果 Promise 执行失败，调用了 reject 回调，则客户端会调用 fail 回调。

10.4.4　在云函数中调用数据库接口

通过前面的学习，我们在小程序中通过数据库相关接口可以直接对云数据进行操作。也可以将这一过程放在云函数中执行，这样小程序客户端就不用再考虑数据库的操作问题，从而更加安全，并且有些数据的检索与拼装逻辑也可以在云函数中一并完成。

在云函数中调用数据库的方法与在小程序客户端调用数据库的方法基本一致，只是使用云函数作为中间层，既可以增强客户端的安全性，也可以将一些查询与额外的数据组合逻辑从客户端分离开。在云函数中操作数据库，也就是增、删、改、查，本节将以分页查找作为示例介绍云函数调用数据库接口的方法。

先新建一个命名为 getTeachers 的云函数，用来获取所有教师列表，编写如下代码：

```
//云函数入口文件
const cloud = require('wx-server-sdk')
//云开发接口初始化
cloud.init()
//云函数入口函数
exports.main = async (event, context) => {
    var page = event.page;
    var pageSize = event.pageSize;
    //数据库初始化
    let db = cloud.database({
      env: "test-3a7319"
    });
    console.log(page);
    console.log(pageSize);
    //获取教师数据集合
    let teacherCollection = db.collection("teachers");
    //同步调用异步方法，获取集合中的数据个数
    let count = await teacherCollection.count();
    //判断是否还有下一页
    let hasMore = (pageSize * page) < count.total;
    //查询数据
    let data = await teacherCollection.limit(pageSize).skip(pageSize * page).
get();
    //封装数据并返回
    return {
      data:data.data,
      hasMore:hasMore,
      error:data.error,
      errorMsg:data.errMsg
    }
}
```

上述代码封装了一个简单的分页查询数据的接口，并处理是否有下一页的数据逻辑，将结果返回客户端，在小程序端创建一个测试页面，在页面的数据集合中定义相关属性，具体如下：

```
data: {
    page:0,
    pageSize:1,
    dataArray:new Array(),
  },
```

在 onLoad 方法中进行云开发接口的初始化，具体如下：

```
onLoad: function (options) {
    wx.cloud.init({
      env:"test-3a7319"
    });
  },
```

编写一个获取教师列表的方法，具体如下：

```
getTeachers:function() {
    wx.cloud.callFunction({
      name:"getTeachers",
      data:{
        page:this.data.page,
        pageSize:this.data.pageSize
      },
      success:(res) => {
        if (res.error){
          console.log("接口请求出错: " + res.error);
          return
        }
        //如果还有数据，则继续请求
        if (res.result.hasMore) {
          //继续请求
          this.data.page = this.data.page+1;
          this.data.dataArray = this.data.dataArray.concat(res.result.data);
          this.getTeachers();
        } else {
          //请求完所有教师数据
          this.data.dataArray = this.data.dataArray.concat(res.result.data);
          console.log(this.data.dataArray);
        }
      },
      fail:function(error) {
        console.log(error);
      }
    });
  }
```

运行上述代码，云函数接口会被循环调用，直到所有教师数据从数据库中取出为止。

云储存功能也对云函数提供接口，其与在小程序端使用云存储的方法也基本一致。在一般情况下，文件上传和下载的接口会在小程序端直接调用云存储接口来完成，减少中间步骤，从而提高上传与下载的稳定性，但是对于敏感的删除操作，更多时候需要放在云函数中完成。

现已将云开发的基本功能全部介绍完毕。其实，云开发实际上就是一个集接口服务、数据库服务和文件存储服务为一体的简易服务器，对于轻应用，学会使用云开发，我们完全可以在前端全栈完成。

第 11 章

实战项目：新闻客户端小程序

从 JavaScript 语言学习开始，我们一步步完成了小程序开发中独立组件的使用、自定义组件的编写、高级组件与布局技术的应用，以及网络技术与数据处理技术、动画与高级的页面交互技术、全栈云开发技术的使用。

其实，如果能够熟练掌握这些技术，就可以在小程序开发中游刃有余。从本章开始，我们将实际应用前面学习的知识，综合之前各个章节所介绍的内容，编写一个小程序客户端项目：新闻客户端小程序。

通过学习本章，读者能够更加深刻地体会小程序开发的核心技术点，并提高小程序开发技能的综合运用能力。

11.1　开发前的准备

在正式开发一个项目之前，我们需要先完成如下 4 项准备工作。

（1）明确项目需求。

（2）确认开发方案。

（3）选定页面设计。

（4）搭建初始工程。

很多个人开发者在进行项目开发时往往会忽略前 3 项准备工作，直接开始搭建工程，这其实是非常不科学的开发方式，明确需求可以达到事半功倍的效果，技术方案的确认和设计的选定也可以让项目在开始开发前就基本确定开发周期，同时可以使开发者对技术难点做到心中有数。

11.1.1　需求确认、方案选择与页面设计

新闻客户端小程序属于阅读类应用，首先需要确认将要完成的应用具有哪些功能，大致需求主要包括以下几点。

1．新闻分类

新闻需要分类别进行展示，如国内新闻、国际新闻、娱乐新闻、体育新闻等。

2．新闻的目录需要使用列表进行展示

展示每个类别下的新闻目录列表，用户点击具体列表项就可以进入新闻的详情页。

3．新闻详情展示

可以查看某条新闻的内容详情。

4．新闻的收藏与删除收藏

可以将感兴趣的新闻进行收藏，并允许用户对收藏进行删除，收藏的内容需要同步到云端。

5．提供分享功能

可以将小程序新闻分享给好友，并提供路径跳转到指定的新闻。

上面列举的 5 项是新闻客户端小程序的基本需求。对需求进行分析，需要先解决数据来源与云端存储方案。数据来源我们可以使用互联网提供的 API 服务，如使用“天行数据”获取新闻内容。对于云端存储，我们可以使用小程序的云开发功能完成。

关于页面设计，作为学习使用，我们可以根据自己的喜好设计页面，当然，也可以参考同类型的小程序的设计。

11.1.2 搭建初始工程

使用微信开发者工具新建一个小程序项目，将其命名为 miniprogram-news，开发者工具默认生成的模板有许多冗余的代码，我们可以先将不需要的文件全部删除，只留下 index 页面，同时将 index 页面中的内容也删除干净。创建的初始项目如图 11-1 所示。

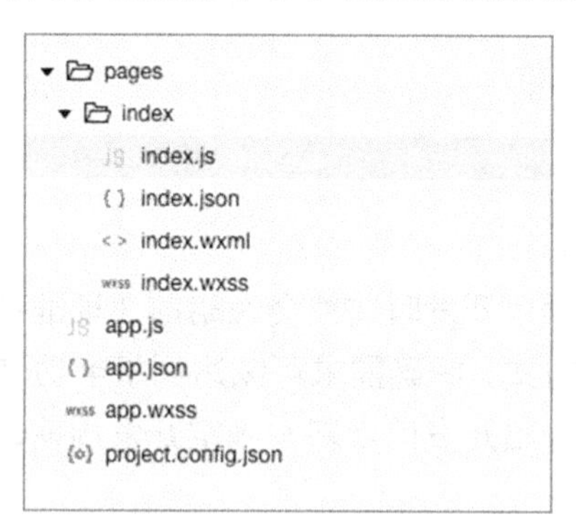

图 11-1 创建的初始项目

此时，小程序项目全部是空白的。根据之前的需求分析，我们可以将小程序主页面设计为带有底部标签栏的结构页面，标签栏可以分为 3 项："精选"、"分类"和"收藏"。

首先，除了 index 页面，还需要新建两个页面，分别命名为 category 与 collect，在各自页面的 onLoad 声明周期方法中进行导航栏标题的配置。以 index 页面为例：

```
onLoad: function (options) {
    wx.setNavigationBarTitle({
      title: '精选',
    })
  },
```

在 app.json 文件中编写如下配置代码：

```
{
  "pages": [
    "pages/index/index",
    "pages/collect/collect",
    "pages/category/category"
  ],
  "window": {
    "backgroundTextStyle": "dark",
    "navigationBarBackgroundColor": "#fff",
    "navigationBarTitleText": "新闻",
    "navigationBarTextStyle": "black"
  },
  "tabBar": {
    "list": [
      {
```

```
      "pagePath": "pages/index/index",
      "text": "精选",
      "iconPath": "./image/rise_normal.png",
      "selectedIconPath": "./image/rise.png"
    },
    {
      "pagePath": "pages/collect/collect",
      "text": "分类",
      "iconPath": "./image/store_normal.png",
      "selectedIconPath": "./image/store.png"
    },
    {
      "pagePath": "pages/category/category",
      "text": "收藏",
      "iconPath": "./image/select_normal.png",
      "selectedIconPath": "./image/select.png"
    }
  ],
  "selectedColor": "#000000",
  "color": "#a1a1a1"
 }
}
```

上面的代码搭建了 3 个主页面的框架，运行代码，效果如图 11-2 所示。

图 11-2　搭建项目框架

11.2　设计“精选”页面

“精选”页面作为新闻客户端小程序的首页，可以设计得略微复杂一些，在开发时，可以先进行页面布局的开发，再通过接口调用填充数据。

11.2.1　“精选”页面布局开发

“精选”页面在设计上大致可以分为 3 个部分，顶部可以放置一个广告条，中上部可以放置一个轮播的新闻推荐位，下部是分页加载的新闻列表。首先，我们可以开启 index 页面的下拉刷新功能，在 index.json 文件中添加如下配置键：

```
{
  "usingComponents": {},
  "enablePullDownRefresh": true
}
```

enablePullDownRefresh 键用来配置页面开启下拉刷新功能。在 index.wxml 文件中编写如下页面结构代码：

```
<!--pages/index/index.wxml-->
<!--最外部容器-->
<view class='container'>
  <!--头部广告条-->
  <view class='header'>
    <text>{{headerText}}</text>
  </view>
  <!--轮播视图-->
  <swiper>
    <swiper-item>
      <image style='height:700rpx;background-color:gray'></image>
    </swiper-item>
  </swiper>
  <!--循环列表-->
  <view class='item' wx:for="{{[1,2,3]}}">
    <view class='left'>
      <view class='item-title'>
        <text>文章标题文章标题文章标题文章标题文章标题文章标题文章标题文章标题文章标题文章
标题文章标题</text>
      </view>
      <view class='item-subtitle'>
        <text>来源</text>
      </view>
      <view class='item-time'>
        <text>2019-10-11</text>
      </view>
    </view>
    <view class='right'>
      <image class='item-image'></image>
    </view>
  </view>
</view>
```

在上面的代码中，最外层 view 的 container 属性定义在 app.wxss 文件中，代码如下：

```
/**app.wxss**/
.container {
  background-color: #f1f1f1;
}
```

其他 class 属性都定义在 index.wxss 文件中，代码如下：

```
/*pages/index/index.wxss*/
.header {
  background-color: white;
  margin-top: 2rpx;
  padding: 30rpx;
}
.header text {
  color: black;
  font-size: 13px;
  font-weight: 200
}
swiper {
  height: 400rpx;
  margin-top: 20rpx;
}
.item {
  margin-top: 20rpx;
  background-color: white;
  height: 250rpx;
  display: flex;
  flex-direction: row;
 justify-content: space-between;
}
.item-title {
  font-size: 14px;
  font-weight: 300;
  margin-left: 30rpx;
  padding-top: 20rpx;
}
.item-subtitle {
  font-size: 12px;
  font-weight: 300;
  margin-left: 30rpx;
  padding-top: 10rpx;
  color: #a9a9a9
}
.item-time {
  font-size: 12px;
  font-weight: 300;
  margin-left: 30rpx;
  padding-top: 30rpx;
```

```
  color: #313131;
}
.item-image {
  background-color: gray;
  width:300rpx;
  height: 250rpx;
}
text {
  text-overflow: -o-ellipsis-lastline;
  overflow: hidden;
  text-overflow: ellipsis;
  display: -webkit-box;
  -webkit-line-clamp: 2;
  -webkit-box-orient: vertical;
}
```

运行代码，效果如图 11-3 所示。

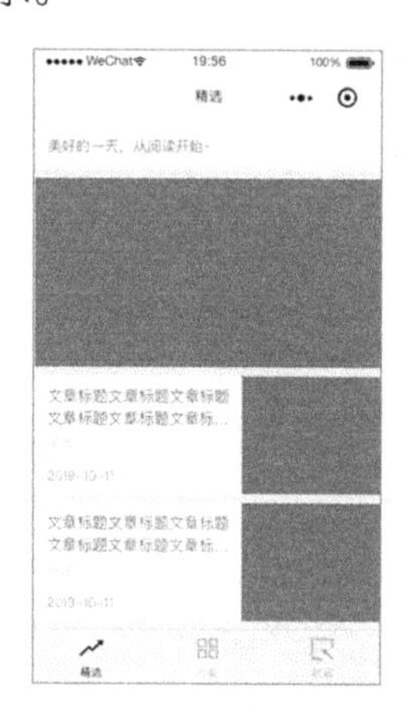

图 11-3 “精选”页面布局开发效果

上述代码只是编写了一个静态的布局页面，11.2.2 节将通过接口调用把数据填充到页面中，从而使界面变成动态的。

11.2.2 “精选”页面接口调用与数据渲染

11.2.1 节已经将新闻客户端应用的主页，即“精选”页面的布局进行了搭建，本节将借助天行数据网提供的接口服务对应用的“精选”页面进行数据填充。

首先，“精选”页面的数据由 3 部分组成。其中，头部广告条是单独的一部分数据，我们可以使用天行数据中的名人名言接口进行模拟；轮播广告位和下面的新闻列表实际上是相同数据不同的展现形式，我们可以调用天行数据的“微信文章”精选接口获取数据，在客户端对数据进行拆分，将最新的 3 条数据放入轮播广告中；其他数据放入下面的新闻列表。

如上所述，使用到的天行数据的接口服务主页链接如下。

- 微信文章精选接口文档：https://www.tianapi.com/apiview/1。
- 名言警句接口文档：https://www.tianapi.com/apiview/26。

需要注意的是，在小程序中调用接口之前，需要在小程序后台将天行数据网站的域名添加到安全信任列表，否则不能在小程序中访问这些接口。

在项目工程的根目录下新建一个文件夹，将其命名为 network，用来存放网络请求工具文件，在其中新建一个命名为 network.js 的文件，编写如下代码：

```
//network/network.js
//网络请求工具对象
var network = {
  //封装获取名言警句数据的接口
  getDictumData:function() {
    //使用 Promise 的方式进行异步编程
    return new Promise((result, reject)=>{
      wx.request({
        url: 'https://api.tianapi.com/txapi/dictum/',
        method: 'GET',
        data: {
          key: 'cc1fe4c3da4e38cf4f50cfbfe9de3XXX',
          num:1
        },
        success:function(res){
          result(res.data);
        },
        fail:function(error){
          reject(error);
        }
      })
    });
  },
  //封装获取微信最新文章的接口
  getWxNewsData:function(page) {
    return new Promise((result, reject) => {
      wx.request({
        url: 'https://api.tianapi.com/wxnew/',
        method: 'GET',
        data: {
          key: 'cc1fe4c3da4e38cf4f50cfbfe9de3437',
          num: 20,
          page:page
        },
        success: function (res) {
          result(res.data);
        },
        fail: function (error) {
          reject(error);
        }
```

```
      })
    });
  }
};
//将工具对象导出
export default network;
```

修改 index.wxml 文件，使用循环对轮播组件和新闻列表组件进行渲染，具体如下：

```
<!--pages/index/index.wxml-->
<!--最外部容器-->
<view class='container'>
  <!--头部广告条-->
  <view class='header'>
    <text>{{headerText}}</text>
  </view>
  <!--轮播视图-->
  <swiper autoplay indicator-dots>
    <swiper-item wx:for='{{swiperData}}'>
      <image  mode='aspectFill'  style='height:700rpx;background-color:gray'
src='{{item.picUrl}}'></image>
    </swiper-item>
  </swiper>
  <!--循环列表-->
  <view class='item' wx:for="{{dataList}}">
    <view class='left'>
      <view class='item-title'>
        <text>{{item.title}}</text>
      </view>
      <view class='item-subtitle'>
        <text>{{item.description}}</text>
      </view>
      <view class='item-time'>
        <text>{{item.ctime}}</text>
      </view>
    </view>
    <view class='right'>
      <image class='item-image' src='{{item.picUrl}}' mode='aspectFill'> </image>
    </view>
  </view>
</view>
```

将 index.wxml 文件中的组件渲染修改为动态渲染后，在 index.js 文件中编写核心逻辑代码，其中包括数据的定义、接口的请求、上拉加载更多与下拉刷新逻辑的处理：

```
//pages/index/index.js
//导入工具对象
import network from '../../network/network.js'
Page({
  /**
```

```
  *页面的初始数据
  */
 data: {
  //头部广告条数据
  headerText:"美好的一天，从阅读开始~",
  //轮播图数据
  swiperData:[],
  //新闻数据
  dataList:[],
  //当前请求到的新闻页数
  currentPage:1,
 },
 /**
  *生命周期函数——监听页面加载
  */
 //进行导航配置和初始数据请求
 onLoad: function (options) {
  wx.setNavigationBarTitle({
   title: '精选',
  });
  this.getDictum();
  this.getWxNews();
 },
 //封装头部数据请求方法
 getDictum:function() {
  network.getDictumData().then(
   (res) => {
    this.setData({
     headerText: `${res.newslist[0].content}\n—${res.newslist[0]. mrname}`
    });
   }
  ).catch((error) => {
   console.log(error);
  });
 },
 //封装新闻列表数据请求方法
 getWxNews:function() {
  wx.showLoading({
   title: '加载中',
  })
  network.getWxNewsData(this.data.currentPage).then((res) => {
   wx.hideLoading();
   wx.stopPullDownRefresh();
   if (this.data.currentPage == 1) {
    //下拉刷新的逻辑
    this.setData({
     //进行数据处理，拆分为轮播图数据和列表数据
     dataList : res.newslist.slice(3),
     swiperData: res.newslist.slice(0,3)
```

```
          });
          this.data.currentPage += 1;
        } else {
          //上拉加载更多的逻辑
          this.setData({
            dataList: this.data.dataList.concat(res.newslist),
          });
        }
      }).catch((error) => {
        wx.stopPullDownRefresh();
        wx.hideLoading();
        console.log(error);
      });
    },
    /**
     *页面相关事件处理函数——监听用户下拉动作
     */
    onPullDownRefresh: function () {
      this.data.currentPage = 1;
      this.getWxNews();
    },
    /**
     *页面上拉触底事件的处理函数
     */
    onReachBottom: function () {
      this.getWxNews();
    }
  })
```

上面的代码有详细的注释，这里就不再赘述。完成了上面的代码，新闻客户端小程序主页的页面与逻辑就基本开发完成，运行代码，效果如图 11-4 所示。

图 11-4　新闻客户端主页

11.3　开发“分类”页面

“分类”页面的作用是提供一个新闻分类目录，让用户可以更快地找到自己感兴趣的领域进行阅读。简单来设计，我们可以将分类模块分成两个页面，首先分类模块的主页提供一个新闻类别的目录，当用户点击某个目录时，进入当前目录分类对应的新闻列表页。

11.3.1　分类目录页的搭建

相比“精选”页面，分类目录页将更加简单，一般情况下，新闻的实时性很强，更新频率很高，但是新闻类别往往是固定的，不会随意增加或减少。因此，对于分类主页，我们可以将其编写成一个静态页面。

在 category.wxml 文件中编写如下布局代码：

```
<!--pages/category/category.wxml-->
<view class='row'>
  <view style='background-color:#CAE1FF; height:250rpx;width:50%'>
    <text>综合新闻</text>
  </view>
  <view style='background-color:#F0FFFF; height:250rpx;width:50%'>
    <text>汽车新闻</text>
  </view>
</view>
<view class='row'>
  <view style='background-color:#F0FFFF; height:250rpx;width:50%'>
    <text>国内新闻</text>
  </view>
  <view style='background-color:#CAE1FF; height:250rpx;width:50%'>
    <text>动漫新闻</text>
  </view>
</view>
<view class='row'>
  <view style='background-color:#CAE1FF; height:250rpx;width:50%'>
    <text>财经新闻</text>
  </view>
  <view style='background-color:#F0FFFF; height:250rpx;width:50%'>
    <text>游戏新闻</text>
  </view>
</view>
<view class='row'>
  <view style='background-color:#F0FFFF; height:250rpx;width:50%'>
    <text>国际新闻</text>
  </view>
```

```
    <view style='background-color:#CAE1FF; height:250rpx;width:50%'>
      <text>人工智能</text>
    </view>
  </view>
  <view class='row'>
    <view style='background-color:#CAE1FF; height:250rpx;width:50%'>
      <text>军事新闻</text>
    </view>
    <view style='background-color:#F0FFFF; height:250rpx;width:50%'>
      <text>体育新闻</text>
    </view>
  </view>
```

上面的代码看上去很多，实际上结构非常简单，页面采用一行两列的方式进行布局，配置 category.wxss 样式表文件，具体如下：

```
/*pages/category/category.wxss*/
.row {
  display: flex;
  flex-direction: row;
  height: 250rpx;
  width:100%;
  text-align: center;
}
text {
  font-size: 20px;
  font-family: 'Franklin Gothic Medium', 'Arial Narrow', Arial, sans-serif;
  color: #555555;
  line-height: 250rpx;
  text-align: center;
  font-weight: 100
}
```

运行代码，效果如图 11-5 所示。

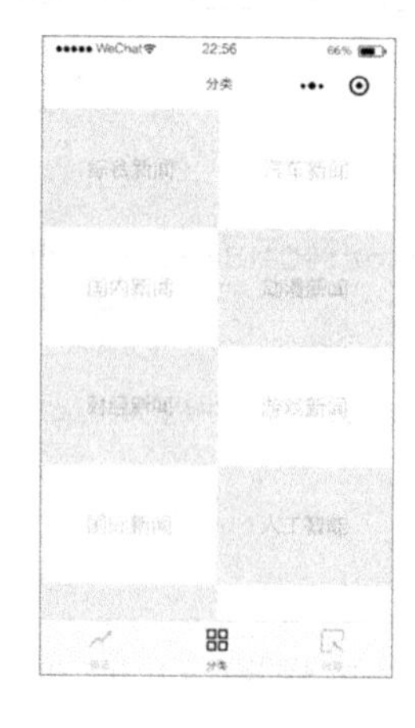

图 11-5　分类首页

11.3.2　开发新闻分类列表页面

新闻分类列表页面的布局与首页非常类似，但相比首页更加简单。先新建一个命名为 category_news 的页面，然后在 category_news.wxml 文件中编写如下代码：

```
<!--pages/category_news/category_news.wxml-->
<!--循环列表-->
<view class='item' wx:for="{{dataList}}" bindtap='clickItem' data-index =
"{{index}}">
  <view class='left'>
    <view class='item-title'>
      <text>{{item.title}}</text>
    </view>
    <view class='item-subtitle'>
      <text>{{item.description}}</text>
    </view>
    <view class='item-time'>
      <text>{{item.ctime}}</text>
    </view>
  </view>
  <view class='right'>
    <image class='item-image' src='{{item.picUrl}}' mode='aspectFill'> </image>
  </view>
</view>
```

上述代码定义了列表页面的布局，其实，在天行数据网定义的分类新闻接口中，参数字段基本上是一致的，因此我们可以十分方便地复用这个分类列表界面。

首先，在项目的根目录下新建一个命名为 tools 的文件夹，在此文件夹中新建一个命名为 tools.js 的文件，在这个文件中定义分类列表的链接数据，代码如下：

```
var tools = {
  categoryNewsUrls:[
    "https://api.tianapi.com/social/",
    "https://api.tianapi.com/auto/",
    "https://api.tianapi.com/guonei/",
    "https://api.tianapi.com/dongman/",
    "https://api.tianapi.com/caijing/",
    "https://api.tianapi.com/game/",
    "https://api.tianapi.com/world/",
    "https://api.tianapi.com/ai/",
    "https://api.tianapi.com/military/",
    "https://api.tianapi.com/tiyu/"
  ],
};
export default tools;
```

新闻分类列表页是从分类主页进入的，因此需要对分类主页进行简单的修改，为每个分类 view 添加点击手势并绑定分类名称数据，修改 category.wxml 文件，具体如下：

```
<!--pages/category/category.wxml-->
<view class='row'>
  <view  data-index='0'  data-name="综合"  catchtap='clickCategory'  style='background-color:#CAE1FF; height:250rpx;width:50%'>
    <text>综合新闻</text>
  </view>
  <view  data-index='1'  data-name="汽车"  catchtap='clickCategory'  style='background-color:#F0FFFF; height:250rpx;width:50%'>
    <text>汽车新闻</text>
  </view>
</view>
<view class='row'>
  <view  data-index='2'  data-name="国内"  catchtap='clickCategory'  style='background-color:#F0FFFF; height:250rpx;width:50%'>
    <text>国内新闻</text>
  </view>
  <view  data-index='3'  data-name="动漫"  catchtap='clickCategory'  style='background-color:#CAE1FF; height:250rpx;width:50%'>
    <text>动漫新闻</text>
  </view>
</view>
<view class='row'>
  <view  data-index='4'  data-name="财经"  catchtap='clickCategory'  style='background-color:#CAE1FF; height:250rpx;width:50%'>
    <text>财经新闻</text>
  </view>
  <view  data-index='5'  data-name="游戏"  catchtap='clickCategory'  style='background-color:#F0FFFF; height:250rpx;width:50%'>
    <text>游戏新闻</text>
  </view>
</view>
<view class='row'>
  <view  data-index='6'  data-name="国际"  catchtap='clickCategory'  style='background-color:#F0FFFF; height:250rpx;width:50%'>
    <text>国际新闻</text>
  </view>
  <view  data-index='7'  data-name="智能"  catchtap='clickCategory'  style='background-color:#CAE1FF; height:250rpx;width:50%'>
    <text>人工智能</text>
  </view>
</view>
<view class='row'>
  <view  data-index='8'  data-name="军事"  catchtap='clickCategory'  style='background-color:#CAE1FF; height:250rpx;width:50%'>
    <text>军事新闻</text>
```

```
  </view>
  <view  data-index='9'  data-name=" 体 育 "  catchtap='clickCategory'  style=
'background-color:#F0FFFF; height:250rpx;width:50%'>
    <text>体育新闻</text>
  </view>
</view>
```

在 category.js 文件中实现分类项的点击方法，具体如下：

```
clickCategory: function(event) {
  wx.navigateTo({
    url:  '../category_news/category_news?index='  +  event.currentTarget.
dataset.index + "&title=" + event.currentTarget.dataset.name,
  })
}
```

在页面跳转时，我们将用户点击分类项的下标与分类名进行传递，在 category_news.js 文件中编写如下代码：

```
//pages/category_news/category_news.js
//导入工具对象
import network from '../../network/network.js'
import tools from '../../tools/tools.js'
Page({
  //初始化数据
  data: {
    //新闻数据
    dataList: [],
    //当前请求到的新闻页数
    currentPage: 1,
    index:0
  },
  //接收参数
  onLoad: function (options) {
    wx.setNavigationBarTitle({
      title: options.title,
    });
    this.data.index = options.index;
    this.getNews(options.index);
  },
  //获取新闻数据
  getNews:function(index) {
    wx.showLoading({
      title: '加载中',
    });
    network.getCategoryNews(tools.categoryNewsUrls[index],  this.data.currentPage).
then(
      (res) => {
        wx.hideLoading();
        wx.stopPullDownRefresh();
```

```
        if (this.data.currentPage == 1) {
          //下拉刷新的逻辑
          this.setData({
            dataList: res.newslist,
          });
          this.data.currentPage += 1;
        } else {
          //上拉加载更多的逻辑
          this.setData({
            dataList: this.data.dataList.concat(res.newslist),
          });
        }
      }
    ).catch((error) => {
      wx.stopPullDownRefresh();
      wx.hideLoading();
      console.log(error);
    });
  },
  //页面相关事件处理函数——监听用户下拉动作
  onPullDownRefresh: function () {
    this.data.currentPage = 1;
    this.getNews(this.data.index);
  },

  //页面上拉触底事件的处理函数
  onReachBottom: function () {
    this.getNews(this.data.index);
  },
})
```

运行代码，效果如图 11-6 所示。

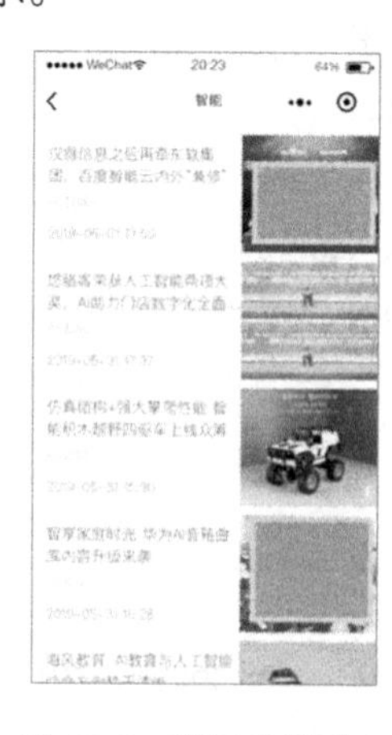

图 11-6　新闻分类列表

11.4　新闻详情页与新闻收藏功能的开发

到目前为止，我们已经将呈现新闻目录的两个主要页面基本开发完成，下面介绍最终的新闻详情页。

11.4.1　新闻详情页的开发

我们从天行数据网上得到的新闻数据实际上是从各大新闻网站上抓取的，因此，新闻详情页实际上就是一个网页。在小程序中，我们可以使用 web-view 组件进行网页的渲染。需要注意的是，在小程序中使用 web-view 组件需要满足以下两个条件。

- 小程序账号是非个人类型的。
- 加载的网页域名在小程序后台有配置。

对于上面的第一个条件，我们作为学习使用，在模拟器上是没有这个限制的。对于第二个条件，我们可以先将项目配置中的不校验合法域名选项打开。

新建一个命名为 detail 的页面作为新闻详情页，在小程序中，web-view 组件的使用要求非常严格，如果使用了这个组件，则其默认会充满整个屏幕，并且上面无法再自定义任何组件，在 detail.wxml 文件中编写如下代码：

```
<!--pages/detail/detail.wxml-->
<web-view src="{{url}}"></web-view>
```

上述代码通过 URL 链接进行网页的加载，当用户点击目录中的某条新闻时，需要将新闻的数据传递到 detail 页面，示例代码如下：

```
clickItem: function(event) {
    let index = event.currentTarget.dataset.index;
    let data = this.data.dataList[index];
    wx.navigateTo({
     url: '../detail/detail?url=' + data.url + "&imgUrl=" + data.picUrl +
"&title=" + data.title + "&source=" + data.description + "&date=" + data.ctime
    });
  }
```

运行代码，在模拟器中可以看到新闻网页的加载效果。

11.4.2　新闻收藏功能的开发

收藏新闻实际上是将某条用户感兴趣的新闻内容存储到云端，并且是和当前微信用户绑定的。这种需求场景使用云开发非常合适，将新闻数据直接存储在云数据库中即可。

首先，在 tools 文件夹下新建一个命名为 collect_manager.js 的文件，用来提供收藏操作，在其中编写如下代码：

```
var manager = {
  //提供一个云开发初始化的方法
  initManager:function(){
    wx.cloud.init({
      env: "test-3a7319"
    });
  },
  //收藏某条新闻
  collectNews:function(title, url, imgUrl, source, date){
    return new Promise((res, rej)=>{
      let db = wx.cloud.database();
      let news = db.collection("news");
      console.log(news);
      news.add({
        data: {
          title:title,
          url:url,
          imgUrl:imgUrl,
          source:source,
          date:date
        },
        success: function () {
          res();
        },
        fail:function(error){
          rej(error);
        }
      });
    });
  }
};
//导出工具对象
export default manager;
```

对于云开发的初始化工作，应用程序启动后仅需要做一次，可以将其放入 app.js 文件的 onLaunch 方法中，具体如下：

```
//app.js
import manager from './tools/collect_manager.js'
App({
  onLaunch() {
    manager.initManager();
  }
})
```

实现 detail.js 文件中的 onLoad 方法，具体如下：

```
  onLoad: function (options) {
    //将传递进来的数据进行存储
    this.setData({
      url: options.url,
      imgUrl: options.imgUrl,
      source: options.source,
      date: options.date,
      title:options.title
    });
    //延时弹出模态窗口，模拟用户收藏操作
    setTimeout(()=>{
      wx.showModal({
        title: '您感兴趣？是否先收藏？'
        content: '将当前文章加入您的收藏列表'
        showCancel: true,          //是否显示取消按钮
        cancelText: "不了！",      //默认是“取消”
        confirmText: "收藏",       //默认是“确定”
        success: (res) => {
          if (res.cancel) {
          } else {
            manager.collectNews(this.data.title,this.data.url,this.data.imgUrl,
this.data.source,this.data.date).then(()=>{
              wx.showToast({
                title: '添加收藏成功',
              })
            }).catch((error)=>{
              console.log(error);
            });
          }
        },
      })
    },5000);
  },
```

运行代码，在新闻详情页停留 5s，之后会弹出收藏提示框，如图 11-7 所示。点击“收藏”后，如果收藏成功，可以在云开发控制台的云数据库中看到新增的数据。

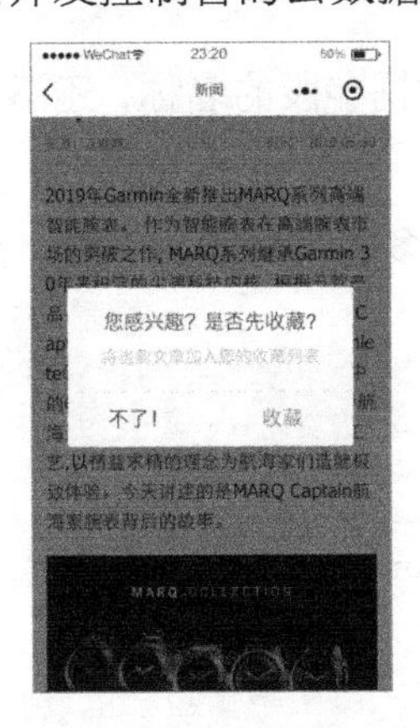

图 11-7　进行新闻收藏

11.5 完善收藏功能与添加分享功能

新闻客户端应用的 3 个主要页面已介绍了 2 个，收藏页面其实也是一个新闻列表，只是此列表的数据并不是来源于接口，而是从云数据库中读取。

11.5.1 编写收藏页面

可以将 category_news 页面的布局代码与样式表代码直接复用到 collect 页面中，需要注意的是，云数据库中存储的数据字段和接口中的字段并不一致，因此在 collect.wxml 文件中也需要做简单的调整，具体如下：

```
<!--pages/collect/collect.wxml-->
<!--循环列表-->
<view class='item' wx:for="{{dataList}}" bindlongtap='longTap' bindtap=
'clickItem' data-index = "{{index}}">
  <view class='left'>
    <view class='item-title'>
      <text>{{item.title}}</text>
    </view>
    <view class='item-subtitle'>
      <text>{{item.source}}</text>
    </view>
    <view class='item-time'>
      <text>{{item.date}}</text>
    </view>
  </view>
  <view class='right'>
    <image class='item-image' src='{{item.imgUrl}}' mode='aspectFill'> </image>
  </view>
</view>
```

上面的代码除了修改了一些数据字段的名称，还添加了一个长按手势，用来删除收藏的某条数据。

在 collect_namger.js 工具类中多提供了两种方法，分别用来获取收藏数据与删除收藏数据，具体如下：

```
getCollection:function() {
    return new Promise((res, rej) => {
      let db = wx.cloud.database();
      let news = db.collection("news");
      news.get({
        success: function (result) {
          res(result.data);
```

```
        },
        fail: function (error) {
          rej(error);
        }
      });
    });
  },
  removeCollection:function(id){
    return new Promise((res, rej) => {
      let db = wx.cloud.database();
      let news = db.collection("news");
      news.doc(id).remove({
        success: function (result) {
          res();
        },
        fail: function (error) {
          rej(error);
        }
      });
    });
  }
```

需要注意的是，从云数据库中读取数据时，更好的做法是采用分页获取的方式。关于分页获取数据前面已有介绍，为简单起见，只获取前 20 条收藏数据。

在 collect.js 文件的 onLoad 方法中编写如下代码：

```
onLoad: function (options) {
    wx.setNavigationBarTitle({
      title: '收藏',
    });
    manager.getCollection().then(
      (result)=>{
        this.setData({
          dataList:result
        });
      }
    ).catch(
      (error)=>{
        console.log(error);
      }
    );
  },
```

实现长按删除的方法如下：

```
longTap: function(event) {
    wx.showModal({
      title: '删除此收藏?',
      content: '是否删除本条新闻收藏',
      showCancel: true,          //是否显示取消按钮
```

```
        cancelText: "不了！",      //默认是“取消”
        confirmText: "删除",      //默认是“确定”
        success: (res) => {
          if (res.cancel) {
          } else {
            let index = event.currentTarget.dataset.index;
            let data = this.data.dataList[index];
            manager.removeCollection(data._id).then(()=>{
              wx.showToast({
                title: '删除成功',
              });
              this.data.dataList.splice(index,1);
              this.setData({
                dataList:this.data.dataList
              });
            }).catch((error)=>{
              console.log(error);
            });
          }
        },
      })
    }
```

11.5.2 添加分享功能

分享功能其实非常简单，在页面的 JS 文件中，只要实现了 onShareAppMessage 方法，用户在当前页面的右上角点击更多按钮弹出的菜单中自动包含分享转发功能。在进行页面分享时，小程序默认截取当前页面的截图进行分享，我们需要对分享的标题和从分享进入小程序时打开的页面进行配置，在 detail.js 文件中实现 onShareAppMessage 方法，具体如下：

```
  onShareAppMessage: function () {
      return {
        title:this.data.title,
        path: "pages/detail/detail?url=" + this.data.url + "&imgUrl=" + this.data.
imgUrl + "&title=" + this.data.title + "&source=" + this.data.source + "&date=" +
this.data.date
      }
    }
```

可以将代码运行到真机设备上进行查看，从新闻详情页分享出去的内容，点击后依然会回到当前新闻详情页。

到此为止，一个完整的新闻客户端小程序应用基本编写完成，但是其中还有许多地方不够完善，读者如果有兴趣，可以继续扩展完善，使其支持更多的功能。

第 12 章

实战项目：读书社区小程序

第 11 章介绍了一个简易的新闻阅读应用。虽然其中使用网络技术获取互联网上的新闻数据，但是总体来说，其更像一个单机的应用程序，没有提供用户间进行交互的功能。本章将通过一个读书社区项目介绍一款用户间交互非常强的应用程序的开发流程。

12.1 项目需求分析与接口服务准备

在开发项目之前，需要先明确所开发项目的所有需求，即应用程序所拥有的功能，以及完成开发过程中需要使用的第三方服务。

12.1.1 读书社区项目需求

读书社区项目的目的是打造一个读书心得交流平台，人们可以在平台上发布关于某本书的读书心得，也可以将某本书收入自己的书房中，对于读书心得，人们也可以进行交流和评论。读书社区的需求主要包括以下几点。

（1）通过扫描图书条码获取图书信息。

（2）提供书房功能，支持将图书进行收藏。

（3）支持对书房的简介进行编辑，支持分享书房。

（4）发布读书心得。

（5）提供广场模块，对发布的读书心得进行展示。

（6）可以对某篇读书心得进行评论。

（7）提供消息中心功能，用于查看所有对自己编写的读书心得的评论和自己发布的评论。

上面列举了读书社区应用中核心的 7 个需求，其中，第一项功能需要借助第三方接口服务来实现，而编辑书房、管理读书心得和评论等都可以通过云开发技术来完成。

12.1.2 使用万维易源网的图书查询接口服务

每一本上市的图书都拥有一个 ISBN，即通常印刷在图书封底的条形码。如果扫描这个条形码会得到一串 10 位或 13 位的字符串，通过这串字符串可以查询当前图书的详细信息。

在万维易源网可以通过 ISBN 获取图书详情的接口，这个接口需要付费使用，但新用户有 100 次的免费测试机会，在我们学习过程中，可以使用免费的测试机会进行请求。

在网站首页的搜索栏中输入 ISBN 可以查询我们需要的接口，如图 12-1 所示。

使用万维易源网提供的接口服务，需要先注册为网站的会员，可以通过单击网站右上角的“立即注册”按钮进行会员的注册，会员注册页面如图 12-2 所示。

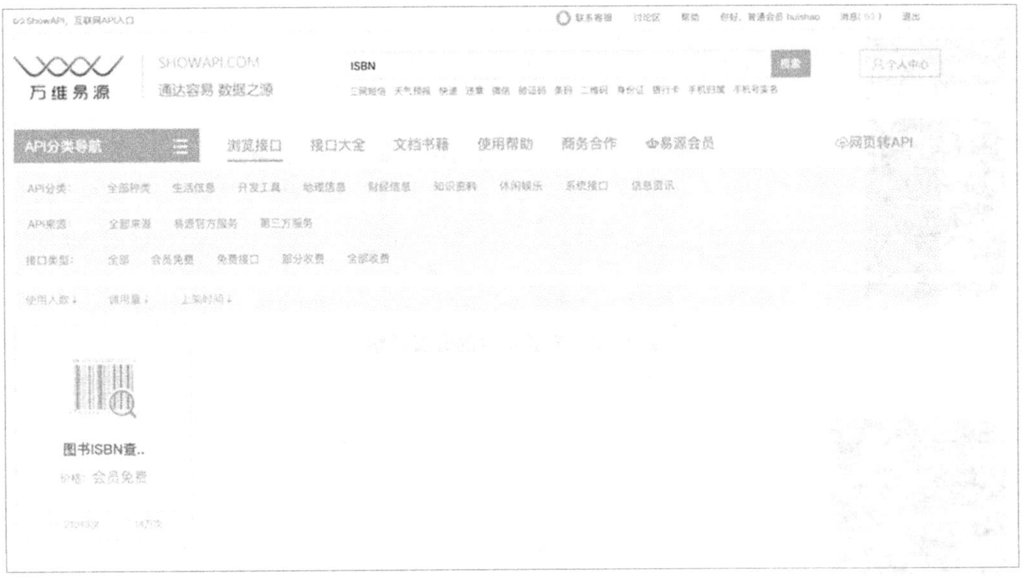

图 12-1　搜索 API 接口服务

图 12-2　进行万维易源网会员的注册

图 12-2 所示的信息填写完成后即可成为会员。我们可以对要使用的接口服务进行购买，在“图书 ISBN 查询”接口的详情页中可以选择免费的套餐，在万维易源会员后台的“我的资源包”中可以查看生效的套餐与套餐余量，如图 12-3 所示。

之后，我们还需要在万维易源后台创建一个应用程序，在“我的应用”栏目中可以进行应用程序的创建，如图 12-4 所示。

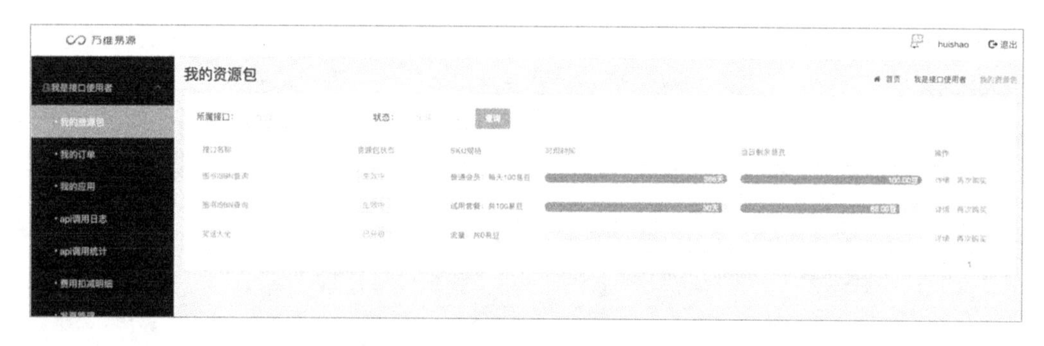

图 12-3　查看生效的套餐详情

图 12-4　新建应用程序

在创建应用程序时，我们应选择此应用程序可以调用的接口服务，也可以设置白名单禁止白名单外的调用者访问。应用程序创建完成后，会自动为这个应用程序分配一个 appId 和密钥，通过 appId 和密钥可以进行接口服务的访问。

12.2　工程基础工具封装

通过第 11 章的学习，我们了解到在应用开发过程中有很多基础代码是可以进行复用的，包括各种工具方法，如网络请求、数据库操作，也包括一些可复用的基础组件，本节主要介绍这些基础功能的编写。

12.2.1　创建工程

对于读书社区应用，可以选择申请一个新的小程序账号，也可以使用之前的测试小程序账号，在创建时为其指定相应的小程序 ID，这里不再赘述。和之前一样，微信开发者工具创建的默认模板中有很多冗余的代码，我们应将其清除干净。

首先，进行底部标签栏的配置，修改 app.json 文件中的代码，具体如下：

```
{
  "pages": [
    "pages/index/index",
    "pages/me/me"
  ],
  "window": {
    "backgroundTextStyle": "light",
    "navigationBarBackgroundColor": "#fff",
    "navigationBarTitleText": "有诗书，气自华",
    "navigationBarTextStyle": "black"
  },
  "tabBar": {
    "list": [
      {
        "selectedIconPath": "images/home_h.png",
        "iconPath": "images/home.png",
        "pagePath": "pages/index/index",
        "text": "广场"
      },{
        "selectedIconPath": "images/me_h.png",
        "iconPath": "images/me.png",
        "pagePath": "pages/me/me",
        "text": "书房"
      }
    ],
    "color": "#dbdbdb",
    "selectedColor": "#2c2c2c"
  }
}
```

其中使用到的图标，可以在本书的配套资源文件中获取。

12.2.2　基础工具封装

网络请求，数据库操作是“读书社区”应用不可获取的功能，因此可以先将其进行基础封装，通过观察接口服务的文档可以发现，在请求接口时需要客户端传递一个日期时间参数，我们还需要封装一个日期的工具。

先封装一个日期时间的工具，在工程的根目录下新建一个命名为 tools 的文件夹，再新建一个命名为 date.js 的文件，在其中编写如下代码：

```
function formatterDateTime() {
  var date = new Date()
  var month = date.getMonth() + 1
  var datetime = date.getFullYear()
    + ""//年
    + (month >= 10 ? month : "0" + month)
    + ""//月
    + (date.getDate() < 10 ? "0" + date.getDate() : date
      .getDate())
    + ""
    + (date.getHours() < 10 ? "0" + date.getHours() : date
      .getHours())
    + ""
    + (date.getMinutes() < 10 ? "0" + date.getMinutes() : date
      .getMinutes())
    + ""
    + (date.getSeconds() < 10 ? "0" + date.getSeconds() : date
      .getSeconds());
  return datetime;
}
export default formatterDateTime;
```

上面的代码根据接口需求将当前时间转换为格式化的字符串，后面在进行请求时会使用到。

在 tools 文件夹下创建一个命名为 database.js 的文件，编写如下代码：

```
var database = {
  init:function(){
    wx.cloud.init({
      env: "product-fddea5"
    });
  },
  insertBook: function(book) {
    return new Promise((res, rej) => {
      let db = wx.cloud.database();
      let books = db.collection("book");
      this.getBook(book.isbn).then((data)=>{
        if (data.length > 0) {
          res();
          return;
        } else {
          books.add({
            data:{
              title: book.title,
              author: book.author,
              publisher: book.publisher,
```

```
          pubdate: book.pubdate,
          edition: book.edition,
          page: book.page,
          produce: book.produce,
          format: book.format,
          paper: book.paper,
          binding: book.binding,
          isbn: book.isbn,
          price: book.price,
          gist: book.gist,
          img: book.img
        },
        success: function() {
          res();
        },
        fail: function(error) {
          rej(error);
        }
      });
    }
  }).catch((error)=>{
    wx.showToast({
      title: error,
    })
  });
 });
},
getBook: function(isbn) {
  return new Promise((res, rej) => {
    if (isbn.length == 0) {
      rej("error");
      return;
    }
    let db = wx.cloud.database();
    let news = db.collection("book");
    news.where({
      isbn:isbn
    }).get({
      success: function(data){
        res(data.data);
      }
    });
  });
 }
}
export default database;
```

上述代码提供了对图书数据插入和获取的方法，需要注意的是，应先开通当前小程序的云开发功能，并且在 app.js 文件中进行初始化：

```
//app.js
import db from './tools/database.js'
App({
  onLaunch: function() {
    db.init();
  }
})
```

在 tools 文件夹下新建一个命名为 network.js 的文件对网络请求提供支持，编写如下代码：

```
//network/network.js
import date from './date.js'
import db from './database.js'
var network = {
  getBookData: function (isbn) {
    return new Promise((resolve, reject) => {
      wx.request({
        url: 'https://route.showapi.com/1626-1',
        method: 'GET',
        dataType: 'json',
        data: {
          "showapi_timestamp": date(),
          "showapi_appid": '580xx',
          "showapi_sign": '74b9fcd59b844b98b6427da974f4xxxx',
          "isbn": isbn
        },
        success: function (res) {
          var book = res.data.showapi_res_body.data;
          db.insertBook(book).then(()=>{
            resolve(book);
          }).catch((error)=>{
            wx.showToast({
              title: '网络神游去啦~',
            })
          });
        },
        fail: function (error) {
          reject(error);
        }
      })
    });
  },
};
export default network;
```

上述代码的逻辑略微复杂，先通过图书的 ISBN 进行图书信息的请求，请求完成后再对云数据库进行查询，如果云数据库中没有此图书的信息，则将此图书的数据插入云数据库中。

12.2.3　悬浮按钮组件的封装

扫码录入图书功能可以采用悬浮按钮的方式进行呈现。由于很多页面会使用悬浮按钮，所以可以将其封装为组件。

在工程的根目录下新建一个命名为 components 的文件夹，在其中新建一个命名为 float-button 的组件，并在 float-button.wxml 文件中编写如下代码：

```
<!--components/float-button.wxml-->
<view class='float-button' hover-class='hover' bindtap='click'>
<text class='content'><slot></slot></text>
</view>
```

对应的样式表如下：

```
/*components/float-button.wxss*/
.float-button {
  background-color: #444444;
  z-index: 9999;
  position: fixed;
  width: 120rpx;
  height: 120rpx;
  border-radius: 60rpx;
  text-align: center;
  padding: 0;
  right: 60rpx;
  bottom: 60rpx;
  box-shadow: 3px 3px 5px 1px #aaaaaa;
}
.content {
  padding: 0;
  margin: 0;
  color: white;
  font-size: 30px;
  text-align: center;
  line-height: 120rpx;
  font-weight: bold;
}
.hover {
  background-color: #000000;
}
```

当用户点击悬浮按钮后，需要将事件传递到原页面进行处理，在 float-button.js 文件中实现如下方法：

```
//components/float-button.js
Component({
  click: function() {
    this.triggerEvent("tap");
  }
})
```

编写完成后，可以在 index.wxml 文件中进行悬浮按钮的测试：

```
<!--index.wxml-->
<view>
  <float-button bindtap='addBook'>+</float-button>
</view>
```

运行代码，效果如图 12-5 所示。

图 12-5　悬浮按钮展示效果

12.2.4　图书录入功能的开发

图书录入功能是指用户可以通过扫描图书的条形码获取图书详情，查看图书心得和评论，也可以将图书收藏到自己的书房中。关于扫码功能，小程序提供了现成的接口供开发者使用。

获取图书信息的请求在前面已经编写完成，在 index.js 文件中实现悬浮按钮的用户点击事件方法如下：

```
addBook: function() {
    wx.scanCode({
      scanType: 'EAN_13',
      success: function(res) {
    network.getBookData(res.result).then(()=>{
        wx.showToast({
          title: '成功',
        })
    }).catch((error)=>{
        wx.showToast({
          title: '本星球上找不到这本书哎~',
        })
      });
    },
    })
}
```

调用 wx.scanCode 方法会直接弹出微信系统的扫描条码界面，将 scanType 参数设置为 EAN_13 后，则只会识别条形码，不会被其他二维码等条码干扰。如果扫描成功，则调用封装好的请求方法进行图书信息的请求。需要注意的是，在图书信息请求方法中会自动将加入云数据库中的图书插入云数据库中，可以多扫描几本图书，之后在云数据库中查看图书的数据情况。

12.3 图书详情页的开发

图书详情页是本章的核心页面，除了可以用来展示图书的基本信息，还可以展示关于此图书的读后感或评论信息。本节主要介绍图书详情页除评论部分之外的相关功能的开发。

12.3.1 编写详情页页面

在 pages 文件夹下新建一个命名为 book 的文件夹，在其中新建一个命名为 book 的页面展示图书详情页。

首先，在 book.wxml 文件中编写如下布局代码：

```
<!--pages/book/book.wxml-->
<view>
  <view class='header'>
    <image class='img-bg' mode='aspectFit' src='{{book.img}}'></image>
    <view>
     <text class='title'>{{book.title}}</text>
    </view>
    <view>
     <text class='author'>{{book.author}}</text>
    </view>
  </view>
  <view class='detail'>
    <view class='detail-left'>
      <view class='info'>
        <text>出版社：{{book.publisher}}</text>
      </view>
      <view class='info'>
        <text>发行日：{{book.pubdate}}</text>
      </view>
      <view class='info'>
        <text>纸张：{{book.paper}}</text>
      </view>
      <view class='info'>
        <text>页数：{{book.page}}</text>
```

```
        </view>
      </view>
      <view class='detail-right'>
        <view class='info'>
          <text>装订：{{book.binding}}</text>
        </view>
        <view class='info'>
          <text>版面：{{book.format}}</text>
        </view>
        <view class='info'>
          <text>ISBN: {{book.isbn}}</text>
        </view>
      </view>
    </view>
    <view class='intro'>
      <view class='intro-header'>
       <view class='line'></view>
       <text>本书简介</text>
      </view>
      <view class='intro-content'>
        <text>{{book.gist}}</text>
      </view>
      <view class='space'></view>
    </view>
  </view>
  <view class='float-button'>
    <view bindtap='write'>写感悟</view>
    <view>|</view>
    <view bindtap='collect'>收藏</view>
  </view>
```

其次，在 book.wxss 文件中配置相关样式表，具体如下：

```
/*pages/book/book.wxss*/
.img-bg {
  width: 100%;
}
.title {
  font-size: 20px;
  font-weight: 700;
  color: black
}
.author {
  font-size: 15px;
  color: #a1a1a1;
}
.header {
  text-align: center;
}
.detail {
```

```
  display: flex;
  flex-direction: row;
  font-size: 13px;
  color: #313131;
  padding: 40rpx;
  font-weight: 100;
}
.info {
  padding-bottom: 20rpx;
}
.detail-left {
  width: 50%;
}
.detail-right {
  width: 50%;
}

.intro-header {
  color: #383e47;
  font-weight: 900;
  display: flex;
  flex-direction: row;
  align-items: center;
  margin-left: 40rpx;
}
.line {
  width: 10rpx;
  background-color:  #383e47;
  height: 40rpx;
}
.intro-header text {
  margin-left: 25rpx;
}
.intro-content {
  font-weight: 200;
  margin: 40rpx;
  font-size: 15px;
  line-height: 26px;
}
.space {
  background-color: #f1f1f1;
  width: 100%;
  height: 30rpx;
}
.float-button {
  background-color: #444444;
  opacity: 0.6;
  z-index: 9999;
  position: fixed;
  width: 250rpx;
```

```
  height: 90rpx;
  border-radius: 45rpx;
  text-align: center;
  padding: 0;
  right: 60rpx;
  bottom: 60rpx;
  box-shadow: 3px 3px 5px 1px #aaaaaa;
  display: flex;
  flex-direction: row;
  align-items: center;
  justify-content: center;
}
.float-button view {
  color: white;
  font-size: 14px;
  margin: 3px;
}
```

上面的代码布局了图书详情页的基础信息展示部分，并且在页面中新增了一个自定义的悬浮按钮，悬浮按钮提供了两个功能，即发布书评和收藏图书。

12.3.2 增加登录与收藏相关逻辑

12.3.1 节只是编写了图书详情页的布局，下面在 book.js 文件中编写如下逻辑代码：

```
//pages/book/book.js
import db from '../../tools/database.js'
Page({
  data: {
    book:null,
    isbn:null
  },
  onLoad: function (options) {
    let isbn = options.isbn;
    db.getBook(isbn).then((res)=>{
      this.setData({
        book: res[0],
        isbn:isbn
      });
      wx.setNavigationBarTitle({
        title: res[0].title,
      })
    }).catch((error)=>{
      wx.showToast({
        title: '获取不到图书信息',
      })
    });
  },
  onReachBottom: function () {
```

```
  collect:function() {
    db.collectBook(this.data.book.isbn).then(()=>{
      wx.showToast({
        title: '添加收藏成功',
      })
    }).catch(()=>{
    });
  }}
})
```

上述代码通过图书的 ISBN 从云数据库中获取图书信息，之后将图书信息渲染到页面上，并实现了收藏图书的功能，在 database.js 文件中添加操作数据库的方法，具体如下：

```
//批量获取图书信息
getBooks: function (isbns) {
    return new Promise((res, rej) => {
      if (isbns.length == 0) {
        rej("error");
        return;
      }
      let db = wx.cloud.database();
      const _ = db.command
      let books = db.collection("book");
      books.where({
        isbn: _.in(isbns)
      }).get({
        success: function (data) {
          res(data.data);
        }
      });
    });
  },
  //获取用户书房信息
  getUserHome: function(openId) {
    return new Promise((res, rej) => {
      if (openId.length == 0) {
        rej("error");
        return;
      }
      let db = wx.cloud.database();
      let homes = db.collection("home");
      homes.where({
        _openid: openId
      }).get({
        success: function (data) {
          res(data.data);
        }
      });
    });
  },
```

```
//收藏图书
collectBook:function(isbn) {
  return new Promise((res, rej) => {
    if (isbn.length == 0) {
      rej("error");
      return;
    }
    let user = wx.getStorageSync("userInfo");
    if (!user.openId) {
        //进行服务端登录
        network.login().then((data)=>{
          wx.setStorageSync("userInfo", data.result);
          //获取书房信息
          database.getUserHome(data.result.openId).then((homes)=>{
            let collection;
            if (homes.length > 0) {
              collection = homes[0].books;
            }
            if (!collection) {
              collection = [];
            }
            if (collection.indexOf(isbn) > -1) {
              wx.showToast({
                title: '已经收藏过啦，不要重复添加哦~',
              })
            } else {
              collection.push(isbn);
              let db = wx.cloud.database();
              let dbHomes = db.collection("home");
              dbHomes.where({
                _openid: data.result.openId,
              }).get({
                success: (homeData) => {
                  if (homeData.data.length > 0) {
                    dbHomes.doc(
                      homeData.data._id,
                    ).update({
                      data: {
                        books: collection
                      },
                      success: () => {
                        res()
                      },
                      fail: () => {
                        wx.showToast({
                          title: '收藏失败',
                        })
                        rej("error");
                        return;
                      }
                    });
```

```
            } else {
              dbHomes.add({
                data: { books: collection },
                success: () => { res() },
                fail: () => {
                  wx.showToast({
                    title: '收藏失败',
                  })
                  rej("error");
                  return;
                }
              });
            }
          },
          fail: function (error) {
            wx.showToast({
              title: '收藏失败',
            })
            rej("error");
            return;
          }
        });
      }
    }).catch((error)=>{
      wx.showToast({
        title: '收藏失败',
      })
    });
  }).catch(()=>{
    wx.showToast({
      title: '登录失败',
    });
    rej("error");
    return;
  });
} else {
  database.getUserHome(user.openId).then((homes) => {
    let collection;
    if (homes.length > 0) {
      collection = homes[0].books;
    }
    if (!collection) {
      collection = [];
    }
    if (collection.indexOf(isbn) > -1) {
      wx.showToast({
        title: '已经收藏过啦，不要重复添加哦~',
      })
    } else {
      collection.push(isbn);
      let db = wx.cloud.database();
```

```
    let dbHomes = db.collection("home");
    dbHomes.where({
      _openid: user.openId,
    }).get({
      success:(homeData)=>{
        if(homeData.data.length > 0) {
          dbHomes.doc(
            homeData.data[0]._id,
          ).update({
            data:{
              books: collection
            },
            success: () => {
              res()
            },
            fail:()=>{
              wx.showToast({
                title: '收藏失败',
              })
              rej("error");
              return;
            }
          });
        } else {
          dbHomes.add({
            data:{books: collection},
            success: () => { res()},
            fail: () => {
              wx.showToast({
                title: '收藏失败',
              })
              rej("error");
              return;
            }
          });
        }
      },
      fail:function(error){
        wx.showToast({
          title: '收藏失败',
        })
        rej("error");
        return;
      }
    });
  }
}).catch((error) => {
  wx.showToast({
    title: '收藏失败',
  })
});
```

```
    }
  });
}
```

需要注意的是，在调用上面的方法之前，需要先在云数据库后台添加一个名称为 home 的集合，用来存放用户的书房信息；另外，图书的收藏会关联到具体的用户，因此需要使用用户的 openId 操作用户的书房数据，同时需要提供一个登录功能。幸运的是，使用云开发中的云函数功能可以免去用户授权来获取用户登录信息，在 network.js 文件中新增一个调用云函数的登录方法，具体如下：

```
login:function(){
    return new Promise((resolve, reject) => {
      wx.cloud.callFunction({
        name: 'login',
        success: function (res) {
          resolve(res);
        },
        fail: function (error) {
          wx.showToast({
            title: '登录失败',
          })
          reject(error);
        }
      });
    });
  },
```

指定一个云函数文件夹，并在其中新建一个命名为 login 的云函数，我们不需要编写额外的逻辑，直接返回用户信息即可：

```
exports.main = async (event, context) => {
  return event.userInfo;
}
```

可以在扫描图书获取到图书信息后，直接跳转到图书详情页，具体如下：

```
    wx.scanCode({
      scanType: 'EAN_13',
      success: function(res) {
     network.getBookData(res.result).then(()=>{
      wx.navigateTo({
        url: '../book/book?isbn=' + res.result,
      })
     }).catch((error)=>{
        wx.showToast({
          title: '本星球上找不到这本书哎~',
        })
      });
    },
    })
```

运行代码，效果如图 12-6 所示。

图 12-6　图书详情页页面效果

12.4　编写书房主页

书房页面相对简单，只需要将用户所收藏的图书展示出来即可。

12.4.1　书房页面布局

书房页面布局可以采用九宫格的布局方式，通过小程序的循环语法创建图书视图，在 me.wxml 文件中编写如下布局代码：

```
<!--pages/me/me.wxml-->
<view>
  <view class='row'>
    <view  class='item'  wx:for="{{books}}"  bindtap='toDetail'  data-index=
"{{index}}">
      <image class='cover' src='{{item.img}}' mode='aspectFill'></image>
      <view  class='title'>
      <text>{{item.title}}</text>
      </view>
    </view>
  </view>
  <float-button bindtap='addBook'>+</float-button>
</view>
```

对应 me.wxss 文件中的样式表如下：

```
/*pages/me/me.wxss*/
.row {
  display: flex;
  flex-direction: row;
  flex-wrap: wrap;
```

```
  justify-content: center;
}
.item {
  width: 30%;
  height: 380rpx;
  margin: 10rpx;
}
.cover {
  width: 100%;
  height: 300rpx;
}
.title {
  text-align: center;
  font-weight: 200;
  font-size: 12px;
}
```

12.4.2 获取书房信息

前面我们已经封装好了数据库操作方法来获取用户的书房信息，在 me.js 文件中编写如下代码：

```
//pages/me/me.js
import db from '../../tools/database.js'
import network from '../../tools/network.js'

Page({

  /**
   *页面的初始数据
   */
  data: {
    home:null,
    books:[]
  },
  onLoad: function (options) {
    this.refreshData();
  },
  refreshData:function() {
    let openId = wx.getStorageSync("userInfo").openId;
    if (openId) {
      db.getUserHome(openId).then((homes)=>{
        if (homes.length > 0) {
          this.data.home = homes[0];
          this.refreshBooks();
        }
      }).catch();
    } else {
      network.login().then((data)=>{
```

```
          wx.setStorageSync("userInfo", data.result);
          let openId = data.result.openId;
          db.getUserHome(openId).then((homes) => {
            if (homes.length > 0){
              this.data.home = homes[0];
              this.refreshBooks();
            }
          }).catch();
        }).catch();
      }
    },
    refreshBooks: function () {
      wx.stopPullDownRefresh();
      let myBooks = [];
       db.getBooks(this.data.home.books).then((books)=>{
         myBooks = myBooks.concat(books);
         this.setData({
          books:myBooks
        });
      }).catch();
    onPullDownRefresh: function () {
      this.refreshData();
    },
    addBook: function () {
      wx.scanCode({
        scanType: 'EAN_13',
        success: function (res) {
          network.getBookData(res.result).then(() => {
            wx.navigateTo({
              url: '../book/book?isbn=' + res.result,
            })
          }).catch((error) => {
            wx.showToast({
              title: '本星球上找不到这本书哎~',
            })
          });
        },
      })
    },
    toDetail: function(event) {
      let index = event.currentTarget.dataset.index;
      wx.navigateTo({
        url: '../book/book?isbn=' + this.data.books[index].isbn,
      })
    }}
})
```

运行代码，如果有收藏图书，则效果如图 12-7 所示。

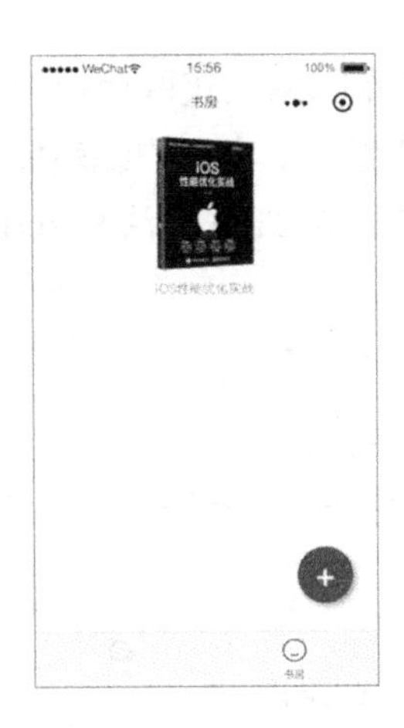

图 12-7　书房页面效果

12.4.3　添加编辑书房名称和书房简介功能

12.4.2 节将用户收藏的图书都展示在书房中，本节再做一些小的修改，为用户提供编辑书房名称和简介的功能。

在小程序中，使用开放接口可以直接获取用户的开放数据，先修改 me.wxml 文件，添加展示用户头像、书房名称和简介的布局代码，具体如下：

```
<!--pages/me/me.wxml-->
<view>
  <view class='header'>
    <view class='header-row'>
      <view class="avatar"><open-data type="userAvatarUrl"></open-data> </view>
      <view>
        <input maxlength='10' bindblur='fixTitle' value='{{home.title}}'class=
'header-title'></input>
      </view>
    </view>
    <view class='desc'>
        <textarea style='height: 100rpx;' maxlength='200' bindblur='fixDesc'
value='{{home.desc}}'></textarea>
      </view>
  </view>
  <view class='row'>
    <view class='item' wx:for="{{books}}" bindtap='toDetail' data-index=
"{{index}}">
      <image class='cover' src='{{item.img}}' mode='aspectFill'></image>
      <view class='title'>
      <text>{{item.title}}</text>
      </view>
    </view>
  </view>
  <float-button bindtap='addBook'>+</float-button>
</view>
```

在上述代码中，open-data组件专门用来获取用户的微信头像。上述代码在页面中新增加了一个input和textarea文本输入组件，当用户编辑完成，组件失去焦点时，可以将用户编辑的内容同步到云数据库中，实现fixTitle方法和fixDesc方法，具体如下：

```
fixTitle:function(event){
  var title = event.detail.value;
  if (title.length) {
    this.data.home.title = title;
    db.updateHomeInfo(title, this.data.home.desc);
  }
},
fixDesc:function(event){
  var desc = event.detail.value;
  if (desc.length) {
    this.data.home.desc = desc;
    db.updateHomeInfo(this.data.home.title, desc);
  }
}
```

在databse.js文件中新增更新用户书房信息的方法，具体如下：

```
updateHomeInfo:function(title, desc) {
    let user = wx.getStorageSync("userInfo");
    if (!user.openId) {
      network.login().then((data) => {
        wx.setStorageSync("userInfo", data.result);
        database.getUserHome(data.result.openId).then((homes) => {
          let db = wx.cloud.database();
          let dbHomes = db.collection("home");
          if (homes.length > 0) {
            dbHomes.doc(homes[0]._id).update({
              data:{
                title:title,
                desc:desc,
                books:homes[0].books
              },
            });
          }else {
            dbHomes.add({
              data:{
                title:title,
                desc:desc,
                books:homes[0].books
              },
            });
          }
        }).catch((error) => {
          wx.showToast({
            title: '更新书房信息失败',
          })});
```

```
    }).catch((error) => {
      wx.showToast({
        title: '更新书房信息失败',
      })});
  } else {
    database.getUserHome(user.openId).then((homes) => {
      if (homes.length > 0) {
        let db = wx.cloud.database();
        let dbHomes = db.collection("home");
        dbHomes.doc(homes[0]._id).update({
          data: {
            title: title,
            desc: desc
          },
        });
      } else {
        dbHomes.add({
          data: {
            title: title,
            desc: desc,
            books: homes[0].books
          },
        });
      }
    }).catch((error) => {
      wx.showToast({
        title: '更新书房信息失败',
      }) });
  }
},
```

运行代码，效果如图 12-8 所示。

图 12-8　在书房中展示名称和简介信息

12.5 开发书评相关模块

作为读书社区，其核心是提供一个供读书爱好者分享和交流的平台。每个用户都可以为某本书进行打分和编写评论。有了书评系统，后面就可以扩展出更丰富的功能。

12.5.1 发布评论页面开发

图书的详情页提供了两个功能按钮，其中一个按钮用来收藏当前图书，另一个按钮则是为当前图书编写书评。

先在 pages 文件夹下新建一个命名为 public 的文件夹，在其中新建命名为 public 的页面。在 public.wxml 文件中编写如下布局代码：

```
<!--pages/public/public.wxml-->
<view>
  <view class='header'>
    <text>点滴的分享，陈酿的收获</text>
  </view>
  <view class='rating-view'>
    <text>给个评分吧~</text>
    <view class='rating'><rating max="5" rating='0' bindchange= 'handleChange'
class="rating" /></view>
  </view>
  <textarea class='area' adjust-position='{{true}}' bindinput= 'bindTextAreaBlur'
maxlength='300' placeholder='写点什么吧~'></textarea>
  <button class='public' bindtap='public'>发布书评</button>
</view>
```

在 public.wxss 文件中编写样式表，具体如下：

```
/*pages/public/public.wxss*/
.header {
  font-size: 20px;
  font-weight:300;
  margin-left: 50rpx;
  margin-top: 20rpx;
}
.rating-view {
  display: flex;
  flex-direction: row;
  margin-top: 60rpx;
  margin-left: 50rpx;
  align-items: center;
  color: #a1a1a1;
```

```
}
.rating {
  margin-left: 20rpx;
  margin-top: 5rpx;
}
.area {
  margin-left: 5%;
  margin-top: 40rpx;
  border: solid 1px #f1f1f1;
  width: 90%;
  padding: 10rpx;
  font-size: 13px;
}
.public {
  margin-top: 80rpx;
  width: 80%;
}
```

上面代码中使用了一个评分组件，在 components 文件夹下新建一个命名为 rating 的组件，在 rating.wxml 文件中编写如下代码：

```
<!--components/rating.wxml-->
<view class='com-rating'>
  <view class='rating-icon' wx:for='{{[1,2,3,4,5]}}' wx:key='*this'
    bindtap='_handleTap' data-num='{{item}}'>
    <view class='rating-on' style='width:{{rating >= (max/5)*item ? 1 : rating
< (max/5)*(item-1) ? 0 : (rating*10)%(max/5*10)/(max/5*10)}}em'>
      <image src='../images/rating_on_icon.png' mode='widthFix' style= 'width:
1em' />
    </view>
    <view class='rating-off' style='width:1em;'>
      <image src='../images/rating_off_icon.png' mode='widthFix' style='width:
1em' />
    </view>
  </view>
</view>
```

配置 rating.wxss 文件中的样式表，具体如下：

```
/*components/rating.wxss*/
.com-rating {
  display: inline-block;
  letter-spacing: .3em;
  position: relative;
}
.com-rating .rating-icon,
.com-rating .rating-on,
.com-rating .rating-off {
  display: inline-block;
}
```

```
.com-rating .rating-icon:not(:last-child) {
  margin-right: .2em;
}
.com-rating .rating-on {
  color: black;
  position: absolute;
  overflow: hidden;
  padding: 0;
  margin: 0;
}
.com-rating .rating-off {
  color: #DBDBDB;
  padding: 0;
  margin: 0;
}
```

在 rating.js 文件中进行数据的初始化和触发方法的传递，具体如下：

```
//components/rating.js
Component({
  properties: {
    rating: {
      type: Number,
      value: 10
    },
    max: {
      type: Number,
      value: 5
    },
    disabled: {
      type: Boolean,
      value: false
    }
  },
  methods: {
    _handleTap: function (e) {
      if (this.data.disabled) return;
      const { max } = this.data;
      const { num } = e.currentTarget.dataset;
      this.setData({
        rating: max / 5 * num
      })
      this.triggerEvent('change', { value: max / 5 * num }, e);
    }
  }
})
```

到此，我们完成了发布书评页面的布局，运行代码，效果如图 12-9 所示。

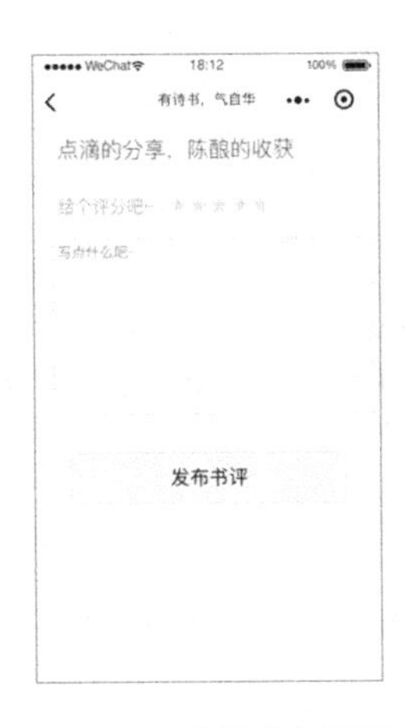

图 12-9　书评发布页面

12.5.2　发布书评功能

关于发布书评，我们可以借助云开发技术实现，先在云数据库中添加一个 comment 集合，用来存放所有评论数据。

在 database.js 文件中添加两个工具方法，分别用于书评的添加和获取，具体如下：

```
addComment:function(isbn, rate, content, date){
return new Promise((res, rej)=>{
  let user = wx.getStorageSync("userInfo");
  if (!user.openId) {
    network.login().then((data) => {
      wx.setStorageSync("userInfo", data.result);
      let db = wx.cloud.database();
      let comments = db.collection("comment");
      comments.add({
        data: {
          isbn: isbn,
          content: content,
          author: data.result.openId,
          rate: rate,
          createDate:date
        },
        fail: function (error) {
          wx.showToast({
            title: '发布评论失败',
          });
          rej(error);
        },
        success:()=>{
          res();
        }
      })
    }).catch((error) => {
```

```
          wx.showToast({
            title: '登录失败',
          })
        });
      } else {
        let db = wx.cloud.database();
        let comments = db.collection("comment");
        comments.add({
          data: {
            isbn: isbn,
            content: content,
            author: user.openId,
            rate: rate,
            createDate: date
          },
          fail: function (error) {
            wx.showToast({
              title: '发布评论失败',
            });
            rej(error);
          },
          success:function(){
            res();
          }
        })
      }
    });
  },

  getComments:function(isbn){
    return new Promise((res,rej)=>{
      let db = wx.cloud.database();
      let comments = db.collection("comment");
      comments.where({
        isbn:isbn
      }).get({
        success:function(comments){
          res(comments);
        },
        fail:function(){
          wx.showToast({
            title: '书评不翼而飞了!! ',
          })
          rej();
        }
      });
    });
  }
```

在发布书评时，数据库中主要记录了对应图书的 ISBN、发布者的 openId、书评内容、评分及发布时间。在 public.js 文件中编写如下代码：

```
//pages/public/public.js
import db from '../../tools/database.js'
Page({
  data: {
    textValue:"",
    rate:0,
    isbn:""
  },
  onLoad: function (options) {
    this.data.isbn = options.isbn;
  },

  handleChange: function(event) {
    this.data.rate = event.detail.value;
  },
  bindTextAreaBlur:function(event){
    this.data.textValue = event.detail.value;
  },
  formatTime: function (date) {
    var date = util.getDate(date); //返回当前时间对象
    var year = date.getFullYear()
    var month = date.getMonth() + 1
    var day = date.getDate()
    return [year, month, day].join('-')
  },
  public:function() {
    var date = this.formatTime(new Date());
    db.addComment(this.data.isbn, this.data.rate, this.data.textValue, date).
then(()=>{
      wx.showToast({
        title: '发布成功',
        complete:()=>{
          wx.navigateBack({
          });
        }
      })
    }).catch(()=>{
    });
  }
})
```

12.5.3　在书籍详情页添加书评模块

发布书评成功后，我们可以在书籍详情页将关于此书籍的相关评论进行展示，在 book.wxml 文件底部添加如下代码：

```
<view class='comment' wx:for="{{comments}}">
    <view class='comment-row'>
      <view class='avatar'>读客</view>
      <text class='id'>{{item.author}}</text>
      <!--<text class='date'>{{item.createDate}}</text>-->
    </view>
    <view>
      <text class='content'>{{item.content}}</text>
    </view>
    <view class='rating-view'>
    <rating disabled max="5" rating='{{item.rate}}'/>
    </view>
</view>
```

对应样式表如下：

```
.comment-row {
  display: flex;
  flex-direction: row;
  align-items: center;
}
.avatar {
  border-radius: 50%;
  width: 80rpx;
  height: 80rpx;
  background-color: #a1a1a1;
  color: white;
  padding: 10rpx;
  line-height: 80rpx;
  text-align: center;
  font-size: 13px;
  margin:40rpx;
}
.id {
  color: #444444;
  font-weight: 300;
  font-size: 14px;
  width: 35%;
  overflow: hidden;
  text-overflow: ellipsis;
}
.content {
  margin-left: 40rpx;
  font-size: 16px;
  font-weight: 100;
  margin-right: 40rpx;
}
.rating-view {
  display: flex;
  flex-direction: row-reverse;
```

```
  margin-right: 40rpx;
  margin-top: 20rpx;
  margin-bottom: 120rpx;
}
```

在 book.js 文件的 onLoad 方法中增加拉取评论的代码，具体如下：

```
onLoad: function (options) {
  let isbn = options.isbn;
  db.getBook(isbn).then((res)=>{
    this.setData({
      book: res[0],
      isbn:isbn
    });
    wx.setNavigationBarTitle({
      title: res[0].title,
    })
  }).catch((error)=>{
    wx.showToast({
      title: '获取不到图书信息',
    })
  });
  db.getComments(isbn).then((comments)=>{
    this.setData({
      comments:comments.data
    });
  }).catch(()=>{});
},
```

12.6　应用首页开发

读书社区应用程序的广场（首页）用来提供一个书评列表，用户可以在此浏览其他用户发布的读书感悟，也可以找到自己喜欢的图书进行收藏。

12.6.1　开发首页基础功能

前面已经编写过一个根据图书 ISBN 查询书评的数据库操作方法，下面提供一个查询所有书评的方法，具体如下：

```
getAllComments: function () {
    return new Promise((res, rej) => {
      let db = wx.cloud.database();
      let comments = db.collection("comment");
      comments.get({
        success: function (comments) {
```

```
          res(comments);
        },
        fail: function () {
          wx.showToast({
            title: '书评不翼而飞了!! ',
          })
          rej();
        }
      });
    });
  }
```

关于书评列表的页面设计，可以参考图书详情页的书评列表，再做一些简单的扩展，将图书基础信息展示出来，代码如下：

```
<!--index.wxml-->
<view>
  <view  class='comment'  wx:for="{{comments}}"  bindtap='click'  data-index=
"{{index}}">
    <view class='comment-row'>
      <view class='avatar'>读客</view>
      <text class='id'>{{item.author}}</text>
      <text class='date'>{{item.createDate}}</text>
    </view>
    <view>
      <text class='content'>{{item.content}}</text>
    </view>
    <view class='rating-view'>
    <rating disabled max="5" rating='{{item.rate}}'/>
    </view>
    <view class='book'>
      <view>
        <image mode='aspectFit' src='{{item.book.img}}'></image>
        <view class='book-title'>{{item.book.title}}</view>
        <view class='book-author'>{{item.book.author}}</view>
        <view class='desc'>{{item.book.gist}}</view>
      </view>
    </view>
  </view>
  <float-button bindtap='addBook'>+</float-button>
</view>
```

对应样式表配置如下：

```
/**index.wxss**/
.comment-row {
  display: flex;
  flex-direction: row;
  align-items: center;
}
.avatar {
```

```
  border-radius: 50%;
  width: 80rpx;
  height: 80rpx;
  background-color: #a1a1a1;
  color: white;
  padding: 10rpx;
  line-height: 80rpx;
  text-align: center;
  font-size: 13px;
  margin:40rpx;
}
.id {
  color: #444444;
  font-weight: 300;
  font-size: 14px;
  width: 35%;
  overflow: hidden;
  text-overflow: ellipsis;
}
.content {
  margin-left: 40rpx;
  font-size: 16px;
  font-weight: 100;
  margin-right: 40rpx;
}
.rating-view {
  display: flex;
  flex-direction: row-reverse;
  margin-right: 40rpx;
  margin-top: 20rpx;
  margin-bottom: 120rpx;
}
.date {
  color: #444444;
  font-weight: 100;
  font-size: 14px;
  flex-grow: 1;
  text-align: right;
  padding-right: 40rpx;
}
.book {
  text-align: center;
}
image {
  width: 300rpx;
  height: 400rpx;
}
.book-title {
  font-size: 20px;
```

```
  font-weight: 400;
}
.book-author {
  font-weight: 100;
}
.desc {
  text-align: left;
  margin: 40rpx;
  font-size: 12px;
  padding-bottom: 50rpx;
  border-bottom: solid #f1f1f1 1px;
}
```

12.6.2 进行书评信息的请求

在 index.js 文件中首先进行书评数据的请求，然后通过书评数据中对应的图书 ISBN 获取图书信息，代码如下：

```
//index.js
import network from '../../tools/network.js'
import db from '../../tools/database.js'
Page({
  data: {
    comments:[],
  },
  onLoad: function () {
    this.getComments();
  },
  getComments:function() {
    db.getComments().then((data)=>{
      this.data.comments = data.data;
      this.getBooks();
    }).catch(()=>{});
  },
  getBooks:function(){
    for (var i = 0; i < this.data.comments.length; i++) {
      let index = i;
      db.getBook(this.data.comments[i].isbn).then((data)=>{
        this.data.comments[index]["book"] = data[0];
        this.setData({
          comments:this.data.comments
        });
      });
    }
  },
  addBook: function() {
    wx.scanCode({
      scanType: 'EAN_13',
```

```
      success: function(res) {
    network.getBookData(res.result).then(()=>{
      wx.navigateTo({
        url: '../book/book?isbn=' + res.result,
      })
    }).catch((error)=>{
        wx.showToast({
          title: '本星球上找不到这本书哎~',
        })
      });
    },
    })
  },
  click:function(event) {
    var index = event.currentTarget.dataset.index;
    wx.navigateTo({
      url: '../book/book?isbn=' + this.data.comments[index].isbn,
    })
  }
})
```

运行代码，效果如图 12-10 所示。

图 12-10　广场页运行效果

从图 12-10 中可以看到，广场页的基础功能已经开发完成，其实，对于从数据库中批量获取数据的操作，一般还需要进行分页请求，广场页也需要添加一个下拉刷新与上拉加载功能。这些细节的优化，本书不再赘述，读者可以运用前面所学习的内容进行实际操作练习。

第 13 章

编程之路

如果读者跟随本书的安排依次进行学习，那么笔者相信，至此你一定对小程序的开发有了全面的了解与掌握，能够开发完整的小程序项目。然而，若想在编程的道路上走得更远，探索更多未知但有趣的领域，读者还需要在实际开发中不断练习与积累，不断接受新思想与新技术，从尝试到应用，从模仿到创新，过程虽然不易，但最终一定会有所收获。

本章将以小程序开发为引子介绍相关领域的编程技术。

13.1　原生开发

原生开发通常也被称为 Native 开发，主要是在移动端设备上使用系统原生框架进行应用程序的开发，一般是指 iOS 系统上的原生应用开发和 Android 系统上的原生应用开发。

小程序是微信体系内的平台，对于小程序来说，微信就好比操作系统，小程序开发的核心是轻便快捷，因此其特点是开发非常简单，但性能和使用场景也比较有限。原生开发则可以突破这一壁垒，为用户提供完整独立的应用程序。

13.1.1　iOS 原生开发

iOS 是苹果公司研发的一款手机操作系统，2007 年开始应用于 iPhone、iPad、iPod 以及之后的苹果电视设备。同样，学习 iOS 开发的目的也是为这些智能设备开发软件。

要进行 iOS 开发的学习，需要先做一些准备工作，主要包括以下几点。

（1）准备一台苹果电脑，或装有 Mac OS 操作系统的电脑。

（2）申请苹果账号，如果只是作为学习使用，则使用免费的账号即可，如果想要发布到苹果应用市场 AppStore，则需要使用付费的开发者账号。

（3）下载开发集成环境工具 Xcode。

在真正学习 iOS 应用开发之前，还需要有一些语言基础。目前，开发原生的 iOS 应用可以使用 Objective-C 语言或 Swift 语言，这两种语言都是由苹果公司研发的，相较于 Objective-C 语言，Swift 语言更加年轻，也更加现代化。

如果读者对 C 类语言有一定的基础，则对 Objective-C 语言的学习和入门会比较轻松，Objective-C 语言是基于 C 语言的面向对象扩展，完全兼容 C 语言。Swift 语言则拥有更多现代编程语言的特性，更加简洁，也更加安全，并且 Swift 语言成为开发者首选语言的趋势也越来越明显。

有了语言的基础后，读者可以更加轻松地进入 iOS 应用开发阶段。学习应用端技术的基本流程都是一致的，就像学习小程序开发的过程一样，学习 iOS 开发也可以按照如下模块步步掌握。

（1）iOS 基础组件的使用。

（2）高级组件与视图容器的应用。

（3）页面布局技术与界面跳转。

（4）动画技术。

（5）数据与网络技术。

（6）高级 iOS 编程，如异步、代理回调、Block、定时器等。

（7）实战应用练习。

13.1.2 Android 原生开发

与 iOS 开发对应，Android 开发是指在开发运行于 Android 系统上的应用程序。对于用户端来说，Android 系统目前仍然是开发性最强、应用最广的终端操作系统。

各种品牌的智能手机、智能电视、智能手环、智能手表、汽车控制系统、智能家居控制系统等，大多将 Android 系统作为其操作系统，因此，Android 原生开发的应用场景非常广泛，学习的回报率也会非常高。

进行 Android 开发需要使用 Android Studio 集成开发环境工具，可以在 Android 中国开发者官网上进行下载，Android 应用程序可以使用 Java 语言或 Kotlin 语言进行开发。同样，Java 语言历史更悠久，更加完善，并且可以应用于多种技术领域中；Kotlin 语言则比较年轻，语言特性更加现代化，在很多方面，Kotlin 语言与 Swift 语言都非常相似。

准备好了语言基础，与 iOS 开发类似，从组件到页面进行 Android 开发框架的学习。加上实战项目的练习，可以快速掌握 Android 应用的开发。

13.1.3 混合开发技术

通过上面的介绍可以了解到，iOS 应用开发和 Android 应用开发基本上是完全不同的两个技术领域，编程语言、系统框架、编程思路等都有很大的不同，一般情况下，对于移动端应用，为了满足大多数用户的需要，都会提供 iOS 和 Android 两个平台版本，这往往需要非常高的开发成本，其实还有很多混合开发方案可以开发移动端跨平台的应用程序。

1. Cordova 开发框架

Cordova 是一款免费开源的开发框架，其可以使用 HTML、CSS 和 JavaScript 进行移动端的应用程序开发，所使用的技术栈与网页开发和小程序开发非常相似。

使用 Cordova 框架开发的应用可以运行于 Android、iOS、Windows、OS X 以及其他流行的操作系统。

Cordova 的核心是基于网页浏览器的，在默认情况下，网页很难调用设备的原生功能，Cordova 提供的接口使网页端可以轻松地调用原生的大部分功能，同样，由于 Cordova 是基于浏览器的，其性能和体验性比纯原生的应用差一些。

2. Wexx 开发框架

Wexx 与 Cordova 类似，也是使用 HTML、CSS 和 JavaScript 技术栈进行应用开发的，其也可以用来构建跨平台的客户端应用程序，不同的是，Wexx 充分利用了原生组件的渲染性能，在开发时，Wexx 使用和网页开发类似的方式，在渲染时则会利用各种操作系统的特点使用原生的组件进行页面的渲染，大大提高了应用程序的体验和性能。

3. ReactNative 开发框架

ReactNative 是基于前端开发框架 React 的移动端开发框架，其允许开发者使用 JavaScript 编写原生移动应用，使用 ReactNative 框架开发的应用并非网页，而是实实在在的原生应用，从用户使用上，其和使用 Objective-C 语言或 Java 语言编写的原生应用几乎是没有区别的。另外，ReactNative 支持开发者进行组件的自定义与扩展，支持原生与 ReactNative 混合进行开发。

4. Flutter 开发框架

Flutter 与谷歌提供的移动端跨平台开发框架，可以快速地在 iOS 和 Android 系统上构建原生界面，并且性能优良。Flutter 也支持集成在已经存在的原生项目中，并且 Fultter 提供了大量的扩展插件，可以方便开发者调用各种原生接口功能。

上面只是介绍了目前较为流行的几种混合开发框架，混合开发框架可能还会继续进步与创建，可能也会有更多的优秀混合开发框架诞生。对于开发者来说，技术总是在不断进步，我们也不断追求更快、更简单、更高效、更完美的开发技术，需要不断学习和创新。

13.2 网站开发

通俗来讲，网站开发其实就是浏览器中网页的开发，浏览器也可以理解为一种操作系统，开发网站其实也是开发运行在浏览器这个操作系统上的软件。

网站开发可以分为前端和后端：前端其实就是网页页面的编写，通过 HTML、CSS、JavaScript 编写展现给用户的页面；后端通常进行数据操作的提供和前端页面的渲染等，各种各样的编程语言和开发框架都可以进行网站的开发。下面将以编程语言为维度介绍网站开发常用技术。

13.2.1 Python 编程语言

Python 是目前比较流行、入门简单且应用非常广的一种编程语言，是解释型的高级面向对象语言。Python 语言可以应用于跨平台的桌面应用开发、网站开发、后端接口开发、游戏开发、大数据分析与人工智能开发和爬虫开发等。用 Python 语言开发网站也非常方便，流行的网站开发框架简介如下。

1. Flask 开发框架

Flask 开发框架是 Python 语言实现的 Web 开发微框架。所谓微框架，是指其非常简洁、小巧，其中只包含最核心的 Web 开发工具，但是提供了非常丰富的扩展接口，开发者可以根据自己的项目需求进行引用。

2. Django

基于 Python 的 Web 开发框架有许多款，Flask 是其中小巧款的代表，Django 则是重量级开发框架的代表，并且采用 MVC 的设计模式，提供了模板引擎、数据库与模型管理工具、表单解析与路由等工具，并且默认提供了一个后台管理系统，这些都可以帮助开发者快速开发一个功能强大的完整网站应用。

13.2.2 Java 编程语言

Java 是 Android 开发的主要语言，同样其也可以用来开发网站应用。相对于 Python 语言，Java 语言的学习门槛略高，并且基于 Java 语言的 Web 开发框架也更加负责，新手学习会更加困难。但是对于大型项目，目前大多仍使用 Java 语言相关框架进行开发。

1. Spring MVC 开发框架

Spring MVC 是基于 Java 语言的 Web 应用程序开发框架，其采用 MVC 架构，提供了表单处理、路由、资源解析和模板渲染等工具，帮助开发者快速构建强大的 Web 应用。但 Spring MVC 的开发和部署都比较复杂，对于初学者来说，入门门槛略高。

2. GWT 开发框架

GWT 的英文全称为 Google Web Toolkit，其是谷歌推出的一个开源开发工具集，允许开发者使用 Java 语言编写复杂且高性能的前端应用。

13.2.3 JavaScript 编程语言

JavaScript 本身就是运行于浏览器的脚本语言，使用 AJAX 技术可以编写动态的前端网页。JavaScript 语言也是 ReactNative 的开发语言，使用 JavaScript 语言也可以开发高效的原生应用程序。

对于网站开发，Node.js 平台提供了运行在服务端的 JavaScript 引擎，因此使用 JavaScript 也可以进行前后端完整的 Web 应用开发。

JavaScript 开发网站主要使用 Express 开发框架。Express 是基于 Node.js 平台，以及快速、开放且极简的 Web 开发框架，其特点是规模小、灵活性高，提供了非常丰富的使用工具和中间件。使用 Express 框架开发者可以快速构建 Web 应用。

13.2.4　Ruby 编程语言

Ruby 是一种开源的面向对象的脚本语言，用于编写游戏和 Web 应用非常高效。

Ruby 语言主要使用 Ruby on Rails 框架。Ruby on Rails 是一款用来部署、开发和维护 Web 应用程序的开发框架，也是基于 Ruby 语言 MVC 模式的 Web 框架，其简洁、易于理解，并且基于 Ruby 语言的特点，提供了各种元编程接口，免去了开发者编写大量重复模板代码的工作，让开发更加高效，开发者更加轻松。

13.3　编程之路

通过前面的介绍，相信读者对移动端和前端的技术开发栈都有了简单的了解，虽然很多编程框架可以帮助初学者快速入门，但是若要真正掌握这门编程技术，还需要不断积累与学习，编程之路，学无止境。

反侵权盗版声明

电子工业出版社依法对本作品享有专有出版权。任何未经权利人书面许可，复制、销售或通过信息网络传播本作品的行为；歪曲、篡改、剽窃本作品的行为，均违反《中华人民共和国著作权法》，其行为人应承担相应的民事责任和行政责任，构成犯罪的，将被依法追究刑事责任。

为了维护市场秩序，保护权利人的合法权益，我社将依法查处和打击侵权盗版的单位和个人。欢迎社会各界人士积极举报侵权盗版行为，本社将奖励举报有功人员，并保证举报人的信息不被泄露。

举报电话：(010)88254396；(010)88258888

传　　真：(010)88254397

E-mail：　dbqq@phei.com.cn

通信地址：北京市万寿路173信箱　电子工业出版社总编办公室

邮　　编：100036